给孩子的国家公园完全手册·美国

全面探索 62 个国家公园·美国

英国DK出版社 著　王 浩 译　杨 锐 审订

科学普及出版社
·北 京·

Original Title: The National Parks: Discover all 62
National Parks of the United States!
Copyright © Dorling Kindersley Limited, 2020
A Penguin Random House Company
本书中文版由Dorling Kindersley Limited
授权科学普及出版社出版，未经出版社许可不得以
任何方式抄袭、复制或节录任何部分。

版权所有 侵权必究
著作权合同登记号：01-2021-7099

图书在版编目（CIP）数据

给孩子的国家公园完全手册.美国 ／ 英国DK出版社著；
王浩译. -- 北京：科学普及出版社，2022.3
书名原文：The National Parks: Discover all 62 National
Parks of the United States!
ISBN 978-7-110-10363-0

Ⅰ.①给… Ⅱ.①英… ②王… Ⅲ.①国家公园—介
绍—美国—青少年读物 Ⅳ.①S759.991-49

中国版本图书馆CIP数据核字(2021)第231394号

策划编辑　邓 文
责任编辑　白李娜 朱 颖
封面设计　朱 颖
责任校对　邓雪梅
责任印制　李晓霖

科学普及出版社出版
北京市海淀区中关村南大街16号　邮政编码：100081
电话：010-62173865　传真：010-62173081
http://www.cspbooks.com.cn
中国科学技术出版社有限公司发行部发行
广东金宣发包装科技有限公司
开本：889mm×1194mm　1/16　印张：8　字数：200千字
2022年3月第1版　2022年3月第1次印刷
ISBN 978-7-110-10363-0/S·576
印数：1—5000册　定价：98.00元

（凡购买本社图书，如有缺页、倒页、
脱页者，本社发行部负责调换）

混合产品
源自负责任的
森林资源的纸张
FSC® C018179

For the curious
www.dk.com

目录

什么是国家公园？

国家公园是风景罕见优美的地方。美国国家公园通过国会法案建立，并由内政部给予最高级别的保护。在国家公园管理局的管理下，国家公园内的广阔景观、荒野、森林、水道、洞穴、文化遗产，以及野生动物都得到了保护，让我们所有人都能沉醉在美妙的大自然之中。

美洲隼

位于新墨西哥州的**白沙国家公园**建立于2019年，是**最新**的美国国家公园。

海豹躺在冰川湾国家公园的冰山上悠闲地休息。

什么是保护区？

有些国家公园，尤其是位于阿拉斯加的国家公园，都配有国家保护区，这些地区通常允许狩猎和捕鱼，因此长期居住在这里的原住民可以沿袭传统的生活方式。一些保护区也允许勘探、开采石油和天然气。

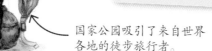

国家公园吸引了来自世界各地的徒步旅行者。

在书中查找这个印章，了解相关的国家公园和保护区。

国家公园 保护区

照料国家公园

从 1933 年开始，美国民间资源保护队（CCC）、公园巡护员、志愿者和专职工作人员负责维护与照料国家公园的一切，一直延续到今天。他们建造新的小径、车道和建筑物，灭火，防洪，进行清理工作，帮助救援行动，并启动保护项目。

志愿者在巨人柱国家公园清除生物入侵的水牛草，保护本土植物。

小·档案

美国有多少国家公园： 62个国家公园，其中7个也是保护区

国家公园管理局是什么时候建立的： 1916年

每年访客数量： 超过8400万名

第一个国家公园： 黄石国家公园，建立于1872年

游客最多的国家公园： 大雾山国家公园

游客最少的国家公园： 北极之门国家公园

佛罗里达海牛

公园巡护员可以向游客提供公园里最佳景点的信息。

国家公园里的工作

国家公园巡护员在公园里提供许多重要的服务，包括教育培训和恢复栖息地。公园警察保护游客和公园的自然资源。管理人员和运营人员确保所有游客获得最佳体验。

美国国家公园总览

美国有62个国家公园，保护着各种各样的栖息地。美国各地都有国家公园，包括美属维尔京群岛和美属萨摩亚群岛。

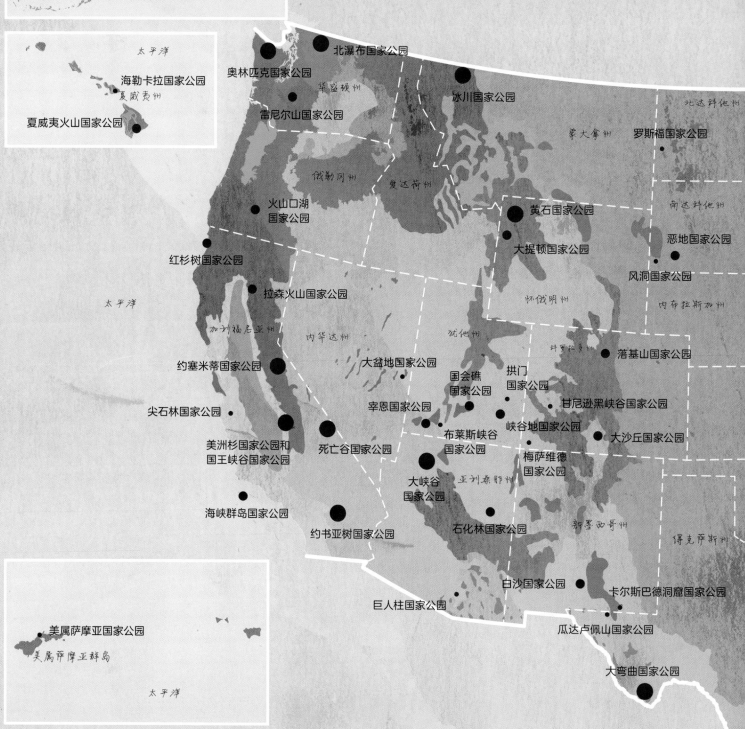

科伯克谷国家公园
北极之门国家公园
北冰洋
阿拉斯加州
兰格尔-圣伊莱亚斯国家公园
迪纳利国家公园
克拉克湖国家公园
冰川湾国家公园
卡特迈国家公园
基奈峡湾国家公园
阿拉斯加湾

太平洋
海勒卡拉国家公园
夏威夷州
夏威夷火山国家公园

北瀑布国家公园
奥林匹克国家公园
华盛顿州
冰川国家公园
雷尼尔山国家公园
蒙大拿州
罗斯福国家公园
北达科他州
俄勒冈州
爱达荷州
南达科他州
火山口湖国家公园
黄石国家公园
恶地国家公园
大提顿国家公园
风洞国家公园
红杉树国家公园
怀俄明州
内布拉斯加州
太平洋
拉森火山国家公园
加利福尼亚州
内华达州
犹他州
科罗拉多州
落基山国家公园
大盆地国家公园
约塞米蒂国家公园
国会礁国家公园
拱门国家公园
甘尼逊黑峡谷国家公园
尖石林国家公园
宰恩国家公园
峡谷地国家公园
大沙丘国家公园
美洲杉国家公园和国王峡谷国家公园
死亡谷国家公园
布莱斯峡谷国家公园
梅萨维德国家公园
大峡谷国家公园
亚利桑那州
海峡群岛国家公园
约书亚树国家公园
石化林国家公园
新墨西哥州
得克萨斯州
白沙国家公园
卡尔斯巴德洞窟国家公园
巨人柱国家公园
瓜达卢佩山国家公园

美属萨摩亚国家公园
美属萨摩亚群岛
太平洋
大弯曲国家公园

- 不到400平方千米
- 400~2000平方千米
- 超过2000平方千米

落叶林
针叶林
温带草原
灌木丛林地
沙漠
热带草原
湿地
冻原
冰原
热带雨林

探险家国家公园
皇家岛国家公园

阿卡迪亚国家公园

明尼苏达州

缅因州

佛蒙特州

威斯康星州

密歇根州

新罕布什尔州

纽约州

马萨诸塞州

罗得岛州

康涅狄格州

艾奥瓦州

印第安纳沙丘国家公园

库雅荷加谷国家公园

宾夕法尼亚州

新泽西州

特拉华州

马里兰州

伊利诺伊州

印第安纳州

俄亥俄州

西弗吉尼亚州

仙纳度国家公园

堪萨斯州

密苏里州

肯塔基州

圣路易斯拱门国家公园

猛犸洞国家公园

弗吉尼亚州

北卡罗来纳州

大西洋

大雾山国家公园

田纳西州

南卡罗来纳州

俄克拉荷马州

阿肯色州

康加里国家公园

温泉国家公园

佐治亚州

密西西比州

阿拉巴马州

美属维尔京群岛

大西洋

美属维尔京群岛国家公园

路易斯安那州

加勒比海

佛罗里达州

墨西哥湾

比斯坎湾国家公园

大沼泽地国家公园

海龟国家公园

兰格尔-圣伊莱亚斯国家公园

阿拉斯加州 1980 年建立

　　兰格尔－圣伊莱亚斯国家公园及保护区，拥有广阔的冰川、活火山、崎岖的山脉，以及各种各样的动植物。它是美国最大的国家公园，以贯穿公园全境的兰格尔山脉和圣伊莱亚斯山脉命名。

小·档案

面积： 53320.53平方千米

最高海拔： 5489米，圣伊莱亚斯山

每年访客数量： 大约7.5万名

兰格尔山脉

　　曾经是一片火山群，现在只有兰格尔山是活火山。兰格尔山是一座盾状火山，流动的熔岩层层涌出，形成巨大的圆顶形状。这里曾一度开采铜矿石。

雄性北海狮体重可达1134千克。

北海狮

　　北海狮是体形最大的海狮。游泳时，它们用前肢推动身体，用后肢掌舵。鳍状肢也可以用来在陆地上移动。海狮利用嗥叫互相交流。

就像穿了雪地靴一样，帮助它在雪地上行走。柳雷鸟的脚上长满羽毛，

哈伯德冰川

兰格尔－圣伊莱亚斯国家公园有三分之一的面积覆盖着冰川。哈伯德冰川宽 11 千米，奔流向海长达 122 千米。从其上掉下来的冰块都有 500 年的历史了。

在国家公园里生长着各色花草。

冰雪乐趣

在冬季，经常可以看到骑着雪地摩托车的旅行者和滑雪者穿越公园的雪地。

国家公园生境

 冰雪

 山地

针叶林

 河流

山脉里巨大的冰原为冰川提供了源源不断的冰雪。在海拔较低的地区，湖泊、溪流、针叶林和草地是野生动物的家园。

海岸山脉

　　兰格尔山脉和圣伊莱亚斯山脉阻隔了来自海洋的暖空气，使得它们后方的陆地非常寒冷。这两条山脉是太平洋海岸山脉的一部分，沿着北美洲的西海岸，一直从墨西哥延伸到阿拉斯加。

北极之门
国家公园

阿拉斯加州　1980 年建立

　　没有道路，没有野营地，也没有小径，北极之门国家公园及保护区是一片完全的荒野景观。然而，这个最北端的国家公园是一个拥有自然宝藏和极致美景的地方，充满了各种各样的野生动物、河流和山脉。

小·档案

面积： 34287.01平方千米

最高海拔： 2523米，伊吉帕克山

每年访客数量： 大约1.05万名

阿里格特奇峰

　　世界各地的登山者来到这片崎岖的山峰，来测试他们的野外生存技能。长久以来，阿拉斯加西北部的努纳缪提人，一直把这些山峰当作圣地，他们现在还住在这里。

北极之门国家公园吸引了一些最爱冒险的徒步旅行者和背包客。

沃克湖

这片 26 千米长的水域，让生活在公园边界的阿拉斯加原住民和来此观光的游客尽享划船、钓鱼、在岸边露营的乐趣。

麝牛

生活在遥远北方的麝牛长着长毛和独特的角，很容易辨认。你可以看到它们在阿拉斯加北部的草地上吃草。

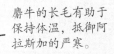
麝牛的长毛有助于保持体温，抵御阿拉斯加的严寒。

国家公园生境

 冻原

 山地

 河流

针叶林

北极之门国家公园几乎完全位于北极圈内。六条风景优美的河流环绕着崎岖的山脉，流经森林和冻原。

公园的岩石和草地上生长着无茎蝇子草。

迪纳利国家公园

阿拉斯加州　1917 年建立

　　迪纳利国家公园及保护区是阿拉斯加访客最多、最知名的国家公园之一。这里只有一条道路，却有数万平方千米的荒野，是各种动植物的家园。高耸于公园之上的是北美最高的山峰——迪纳利山。

狗拉雪橇

　　自 1922 年以来，雪橇犬和公园巡护员共同保护迪纳利国家公园，同时继承了阿拉斯加雪橇运动的传统。现在，迪纳利是唯一一个有犬舍的国家公园。

夏天，公园巡护员每天都会向游客展示狗拉雪橇。

绚丽多彩的北极光

　　秋天、冬天和初春，在迪纳利国家公园和北极附近的许多地方的天空中，会出现一种五颜六色的光，叫作北极光。

附子花依靠熊蜂传播花粉，才能结出种子。

小·档案

面积： 24584.77平方千米

最高海拔： 6190米，迪纳利山

每年访客数量： 超过60万名

北极光是出现于地球北极高磁纬地区上空的一种发光现象。实际上，南极也有南极光，统称为极光。

国家公园生境

 冰雪

针叶林

冻原

山地

迪纳利国家公园以其崎岖的地貌而闻名——雪峰、冻原和森林。这里的重重山脉，包括与公园同名的"迪纳利山"，都被冰川覆盖。

生活在迪纳利的**林蛙**已经适应了寒冷的冬天。

陆地上的冰

山峰耸立在厚厚的冰川之上。登山者从世界各地来到这里，攀登这些富有挑战性的岩壁。

登山运动

卡特迈
国家公园

阿拉斯加州　1980 年建立

　　卡特迈国家公园及保护区内有一处著名景点——万烟谷，这里是由 20 世纪世界上最大的火山喷发活动形成的。卡特迈是大约 2200 只棕熊的家园，它们喜欢在河流中捕食鲑鱼。

国家公园
保护区

小·档案

面积： 16564.71平方千米

最高海拔： 2318米，丹尼森火山

每年访客数量： 超过8万名

北极燕鸥

火山口湖的形成

　　诺瓦拉普塔火山最近一次喷发是在 1912 年，这次喷发在卡特迈火山形成了一个火山口。今天，冰、雪和闪耀着绚烂色彩的水填满了火山口内部，形成了火山口湖。这个湖泊大约有 244 米深，看起来像一口巨大的锅。

布鲁克斯瀑布

这条瀑布挤满了鲑鱼。它们在夏天溯流而上，然后在初秋产卵。这段时间里，布鲁克斯瀑布是棕熊找到晚餐的最佳地点！

阿拉斯加红鲑鱼逆流而上，与瀑布湍急的水流搏斗。

海鹦栖息在国家公园海岸线边缘的岩岛上。

国家公园生境

⬇ 河流

⛰ 冰雪

🌊 湖泊

⛰ 山地

卡特迈有数百千米的河流和许多湖泊，那里是鱼类和其他野生动物的家园。在公园的东部地区，积雪覆盖的活火山群绵延开来。

北部天竺葵为公园的草地增添了一抹紫罗兰色。

棕熊喜欢吃鲑鱼最肥嫩的部分——鱼皮、鱼脑和鱼子。

捕鱼的棕熊

不是所有的棕熊都以同样的方式捕鱼。有些棕熊坐在溪流的上游或下游等待鲑鱼游向自己，有些棕熊则潜入水中寻找鱼群。还有一些棕熊甚至从其他熊那里偷鱼！

克拉克湖国家公园

阿拉斯加州　1980 年建立

没有道路通往克拉克湖国家公园及保护区，只有乘船或飞机才能到达那里。这个偏远的地区拥有陡峭的山脉、两座活火山、湖泊、茂密的森林，还有充满鲑鱼的河流。国家公园内甚至还有温带雨林——降雨量高，但气候温和，并不炎热。

国家公园 保护区

大约有50对**白头海雕**在克拉克湖国家公园内筑巢。

克拉克湖

克拉克湖全长 68 千米，宽 8 千米，湖水呈现出明亮的蓝色，这种颜色来自从周围山体冲入湖水中的岩石颗粒。迪娜娜·阿萨巴斯卡族印第安人给这个湖取名为奇兹杰维纳，意思是"人们聚集的地方"。

小·档案

面积： 16309.28平方千米

最高海拔： 3108米，瑞道特火山

每年访客数量： 超过1.7万名

国家公园生境

- 🏞 湖泊
- ⛰ 山地
- 🌲 针叶林
- 🌊 河流

克拉克湖被白雪覆盖的群山环绕。河流和溪水倾泻而下，流入湖泊，穿过森林和冻原。湖泊吸引了许多动物，包括迁徙的鲑鱼。

小屋里有一个烧木柴的炉灶、一个壁炉、一张床和一个写字台。

普罗内克的小屋

理查德·路易斯·普罗内克（1916—2003）是个美国博物学家。他在国家公园里的上双子湖附近建造了一座小木屋，在没有自来水，也没有电的情况下，他在那里独自生活了 30 年。

平均每年有 372000 条红鲑鱼游到纽哈伦河，进入克拉克湖国家公园及自然保护区内的水域。

瑞道特火山

瑞道特火山是一座成层火山，呈高高的圆锥形，非常活跃，最后一次喷发是在 2009 年。

羊胡子草有着蓬松洁白、状如棉花的种絮。

尤里卡沙丘

尤里卡沙丘是加利福尼亚州最高的沙丘，近213米高。狂风有时会导致小型沙崩。这里最神秘的现象是响沙，伴随着沙子的移动，发出柔和的嗡嗡声，赢得了"歌唱的沙子"的绰号。

走鹃的奔跑速度可达每小时32千米。

走鹃

死亡谷是许多候鸟的聚集地，而且还终年生活着行动敏捷的走鹃。它们的奔跑速度很快，可以轻易地捕捉昆虫、蛇和蜥蜴。

死亡谷国家公园

加利福尼亚州·内华达州　1994年建立

死亡谷国家公园有很多极端情况。长时间的干旱被短暂的降雨所打破，大片野花怒放。夏天酷热难耐，而冬天山顶上覆盖着厚厚的积雪。这里是美国最热、最干燥、海拔最低的国家公园。

小·档案

面积： 13793.33平方千米
最高海拔： 3368米，望远镜峰
每年访客数量： 大约175万名

莫哈韦沙丘仙人掌
从四月到六月盛开
鲜花。

国家公园生境

🌵 沙漠

🔺 山地

🌱 湿地

死亡谷横跨炎热的沙漠地带。沙丘、崎岖的峡谷和盐滩延伸到环绕公园的两条山脉之下。尽管极度干燥，地下泉水依然给了动植物在炎热气候中生存的机会。

沙漠鬣蜥通常
出现在公园的
沙漠地区。

沙漠向日葵

春天有时候会出现罕见的野花超级绽放现象。

恶水盆地

这片广阔平坦的盐田是北美洲的最低点，在地平线上闪烁着晶莹的白光。当盆地里蓄积的雨水在高温下干涸时，剩下的盐会逐渐堆积，形成几何形状。

冰川湾国家公园

阿拉斯加州　1980 年建立

　　冰川湾国家公园及保护区拥有超过 1000 条闪闪发光的冰川。冰川是缓慢移动的巨型冰块和岩石。国家公园内的一些冰川一直流向冰冷的海洋，那里孕育着各种各样的物种，包括海藻、甲壳类动物、鱼类，以及鲸等海洋哺乳动物。

国家公园生境

- 冰雪
- 海洋
- 山地
- 针叶林

　　冰川从陡峭的高山流下，穿过森林和其他自然栖息地，到达海洋，这里有丰富的野生动物。

划皮划艇是探索冰川湾的好方法。

马杰瑞冰川

　　马杰瑞冰川距海面高达 76 米，壮丽的景观令人印象深刻。有时候大块的冰会破裂，落入海水中，发出巨大的隆隆声。这种破裂叫作"冰川崩解"。

冰雪中的生命

冰川湾的水域是小须鲸、座头鲸、虎鲸、海豚、海豹、北海狮和海獭的家园。

座头鲸的歌声可以持续35分钟！

这些斑海豹的皮下有一层称为鲸脂的厚厚的脂肪，用来抵御严寒。

冰川湾的森林

冰川湾被茂密的森林所覆盖，几乎没有任何人类的痕迹。在常绿树林中，驼鹿、棕熊、黑熊、狼和雪羊自由自在地生活着。

小·档案

面积：13280.93平方千米

最高海拔：4671米，费尔韦瑟山

每年访客数量：超过60万名

苔藓与地衣相似，但喜欢更加湿润的环境，生活在沿岸水线附近。

国家公园里盛开的火焰草的红色部分不是花——它们其实是叶子，称为苞片。

潮汐冰川

约翰·霍普金斯冰川长 19 千米。这是在冰川湾国家公园及保护区发现的七条潮汐冰川之一。潮汐冰川流入大海。国家公园里的其他冰川则留在山脉间，或者在到达大海之前就融化了。

黄石国家公园

怀俄明州 · 蒙大拿州 · 爱达荷州　1872 年建立

　　黄石国家公园是第一个建立的国家公园。这里大部分都是未被开发的荒野，其以绚丽多彩的美景而引人注目。国家公园位于一座巨大的休眠火山之上，具有许多由地下深处的巨大热量引起的地热喷泉现象。

从五月到七月，小天蓝绣球花在公园的草地上盛开。

老忠实泉是一个间歇泉，每天喷发17次。

水的奇观

　　黄石国家公园里有超过一万处地热景观。地下的热水沿着地表裂缝上升，形成了温泉、间歇泉、蒸汽喷口和沸泥塘。它们共同创造了不断变化的景观，并且随时可能喷发！

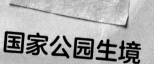

国家公园生境

 山地

 冻原

 草原

 针叶林

　　在美国本土48个州的所有国家公园中，黄石国家公园的野生动物是最多的。许多动物生活在山地、森林和草原上，甚至有被称为嗜热微生物的细菌生活在大棱镜彩泉的热水中。

石化木是史前火山活动留下的印记。

阿布萨罗卡岭

国家公园东侧的这条山脉是以蒙大拿州南部的阿布萨罗卡族印第安人命名的。许多动物，包括大角羊和灰熊，在冬天会从山上下来寻找食物。

山脉长约257千米。

美国黑松及其松果在黄石国家公园里很常见。

大棱镜彩泉是以它彩虹般耀眼的颜色命名的。它是美国最大的温泉。

小·档案

面积：8983.17平方千米

最高海拔：3466米，鹰峰

每年访客数量：超过400万名

赤狐

赤狐在黄石国家公园的自然食物链中扮演着关键角色。赤狐以小型动物为食，如田鼠；而大型动物又以赤狐为食，如狼。

27

科伯克谷国家公园

阿拉斯加州　1980 年建立

　　由于位于偏远的阿拉斯加布鲁克斯山脉，科伯克谷国家公园是访客最少的国家公园之一。访客只能通过步行、乘船、乘小型飞机、乘雪地摩托车或乘狗拉雪橇旅行。阿拉斯加原住民在这里生活了一万多年，依靠捕猎和采集食物生存。

三片沙丘

　　国家公园里有三片沙丘。这些沙子是数万年来周围山脉和冰川的摩擦运动形成的。沙丘上长满了莎草和野生黑麦等草类。

公园的一个区域叫作洋葱区，因生长在那里的野生洋葱而得名。

林蛙是唯一一种生活在科伯克谷的两栖动物。

国家公园生境

🌵 沙漠

🌲 针叶林

〰️ 河流

⛰️ 山地

　　罕见的北极沙丘构成了国家公园的中心，这些沙丘形成于上一个冰河时期。沙丘周围环绕着冻原、森林、河流和山脉——这里是许多动物的家园。

黄嘴潜鸟是美国最稀有的鸟类之一。

科伯克醉马草

六月和七月，沙丘上的科伯克醉马草开出粉紫色的花朵。这种植物只生长在科伯克谷。

小·档案

面积： 7084.90平方千米
最高海拔： 1411米，安格瑞凯斯瑞山
每年访客数量： 大约1.6万名

北美驯鹿迁徙

成千上万只北美驯鹿每年两次穿过科伯克谷，往返于它们季节性的繁殖地。阿拉斯加原住民——努纳米尤特族印第安人会在它们的迁徙中跟随并猎杀北美驯鹿。

大沼泽地国家公园

佛罗里达州　1947 年建立

　　大沼泽地是世界上最大的热带湿地之一。它连接着墨西哥湾的淡水和咸水，为各种各样的动植物提供了家园，尤其是鸟类。它的英文名字"Everglades"源于"forever"（永远）和"glades"（开阔的草地）。

小·档案

面积：6106.46平方千米
最高海拔：2.4米，湿地松林
每年访客数量：大约110万名

锯齿草是大沼泽地
最常见的植物。

草之河

　　锯齿草构成的草地沼泽遍布大沼泽地，为许多野生物种提供了家园。至今仍然居住在佛罗里达州的塞米诺尔族印第安人，把大沼泽地称为"帕海奥基"，意为"草之河"。

共同生活

大沼泽地是世界上短吻鳄和美洲鳄唯一共同生存的地方。短吻鳄喜欢淡水湿地，而美洲鳄可以同时生活在淡水和咸水中。

美洲鳄

短吻鳄

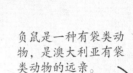

负鼠是一种有袋类动物，是澳大利亚有袋类动物的远亲。

负鼠生活在大沼泽地国家公园里。小负鼠经常骑在妈妈的背上。

国家公园生境

![湿地图标] **湿地**

![热带雨林图标] **热带雨林**

![红树林图标] **红树林**

![草原图标] **草原**

大沼泽地国家公园大部分是湿地，包括锯齿草沼泽、湿润的草原，以及红树林。公园河口处的热带雨林也是野生动物的理想家园。

滨鸟

大沼泽地生活着 16 种滨鸟，如美洲白鹮。它们用长喙在浅水区寻找猎物。

美洲白鹮最喜欢的食物是小龙虾。

羽色鲜艳的美洲紫水鸡生活在大沼泽地。

大峡谷国家公园

亚利桑那州　1919 年建立

　　大峡谷由强大汹涌的科罗拉多河经过数百万年侵蚀而成，堪称是地球上最著名的峡谷。在蓝天和白云的映衬之下，充满了色彩斑斓的岩石和沙漠植被的大峡谷，向远方延伸而去。

峡谷里的人类

　　哈瓦苏派族印第安人已经在大峡谷生活了 800 年。他们至今仍然居住的苏派村，这里可以供访客参观，但徒步旅行者必须首先做好穿越沙漠长途旅行的准备。

加州秃鹰

　　大峡谷国家公园是世界上最稀有的鸟类之一———加州秃鹰的家园。野外只有大约 300 只加州秃鹰，如果能够目睹是非常幸运的。

强壮的喙帮助加州秃鹰从死去的动物身上撕下肉来。

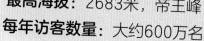

小·档案

面积： 4862.89平方千米，深达 1857米

最高海拔： 2683米，帝王峰

每年访客数量： 大约600万名

仙人掌

公园里有很多种仙人掌。大多数生长在干燥、多岩石的峡谷内侧，盛开亮黄色、红色或紫色的花朵。

国家公园生境

 沙漠

 河流

针叶林

草地

公园的大部分地区都是沙漠。在夏天，气温可达49摄氏度！在海拔较高的地区有松林和云杉林，还有一些草地。河流为鱼类和两栖动物提供了家园。

大角羊

成年雄性大角羊通过一对可重达14千克的巨大的特角争夺交配权。打斗的时候，它们用后腿站立，互相攻击。特角的碰撞声在峡谷中久久回响。

33

远古的峡谷

大峡谷的岩层早在恐龙出现之前就已经形成了！大约在 7000 万年前，大峡谷所在的科罗拉多高原开始被逐渐推高。

然后，大约 600 万年前，科罗拉多河开始侵蚀岩石，形成了我们今天看到的陡峭的峡谷。

冰川国家公园

蒙大拿州　1910 年建立

雪羊生活在公园的高处。

　　冰川国家公园因在花岗岩山峰上缓慢流动的冰川（又称为冰河）而得名，被冠以"大陆上的明珠"的美称。这里以其独特的野生动物而闻名，如灰熊和雪羊。公园里还有澄澈的湖泊，以及适合徒步冒险旅行的小径。

小·档案

面积： 4099.98平方千米

最高海拔： 3190米，克利夫兰山

每年访客数量： 超过300万名

正在融化的冰川

　　不幸的是，冰川国家公园的冰川正在逐渐消失，目前只剩下 35 条了。随着全球气候变暖，夏季的冰川融化量大于冬季降雪量，冰川消失预计将一直持续。

奔向太阳之路

　　这条将近 80 千米长的山路带领访客穿越大陆分水岭和罗根山口，在那里可以从各个方向观赏壮丽的山峰。这条标志性的公路建于 1933 年。

奥林匹克国家公园

华盛顿州 1938年建立

奥林匹克国家公园包括三个区域：绵延的海岸沙滩，郁郁葱葱的森林，以及覆盖着冰川的奥林匹克山。这里是一个充满美景和各种野生动物的仙境。公园和山脉的名字来源于希腊神话。

野生动物

奥林匹克山和苔藓覆盖的温带雨林是驼鹿、美洲狮、黑熊和短尾猫的家园。沿海水域为海豹、海狮、鲸和海豚提供了栖息地。国家公园里大约有300种鸟类。

老人石耸立在红宝石海滩上，这片海滩上到处都是筑巢的鸟群。

乳齿象

史前生命

在过去100年间，考古学家在这里发现了许多史前生命的遗迹。1977年，在国家公园外围出土了公元前12000至公元前6000年的乳齿象残骸。

美洲杉国家公园
国王峡谷国家公园

加利福尼亚州　1890 年建立/1940 年建立

　　美洲杉国家公园和国王峡谷国家公园是两个独立的国家公园，但合并为一个国家公园运营。这里被称为"巨人之地"，拥有世界上最大的树木、巨大的峡谷、高耸的山峰，以及许多洞穴、草甸和瀑布。

凉爽的洞穴

　　美洲杉和国王峡谷国家公园大约有 275 个洞穴。有些洞穴很湿润，有些洞穴则很干燥。这里是蝙蝠、蛇和昆虫等许多生物的藏身之所。

拯救蛙类

　　当非本土鱼类进入公园水域后，黄腿山蛙的数量便开始下降。人们现在正在移除这些入侵物种，帮助蛙类的种群生存。

小·档案

面积： 3504.43平方千米
最高海拔： 4421米，惠特尼山
每年访客数量： 大约190万名

公园里生活着稀有的**蝙蝠物种**，如汤氏大耳蝠。

国家公园生境

 针叶林

山地

湖泊

河流

　　草甸、湖泊、河流和花岗岩峡谷环绕着美洲杉林，动物们在这里安家落户。

美洲杉的针叶和球果

谢尔曼将军树

　　这棵标志性的美洲杉是地球上现存最大的树木。它很古老，年龄大约为2300~2700岁。一条小径带领游客穿过"巨人森林"，来到谢尔曼将军树粗壮雄伟的树干前。

大弯曲国家公园

得克萨斯州　1944 年建立

　　大弯曲国家公园因格兰德河的弯曲河道而得名，是位于奇瓦瓦沙漠中的一个巨大的国家公园。这里有独特的野生动物、史前地质遗迹、历史遗迹和崎岖的地貌。大弯曲国家公园远离城市，夜晚可以看到漫天闪烁的星辰。

小·档案

面积： 3242.20平方千米

最高海拔： 2385米，埃默里峰

每年访客数量： 超过45万名

格兰德河

　　绵延190千米的格兰德河构成了国家公园的南部边界。河流蜿蜒穿过壮观的峡谷和干燥的奇瓦瓦沙漠，是沙漠动植物的重要水源。

被郊狼等食肉动物追赶时，黑尾长耳大野兔以"之"字形路线逃跑。

观鸟人的天堂

大弯曲国家公园包含一条关键的鸟类迁徙路线，非常适合观鸟。这里拥有超过 450 种鸟类，包括墨西哥丛鸦、朱红霸鹟、姬鸮。这里鸟的种类比其他任何国家公园都要多。

大弯曲国家公园少有光污染，是**观星**的极佳地点之一。

墨西哥丛鸦

巨剑丝兰只有在雨量充足的时候才会开花。

奇妙的植物

国家公园里生长着各种各样的植物，包括仙人掌和丝兰。它们在茎和叶中储存水分，常常长有锋利的棘刺，用来抵御食草动物。

国家公园生境

🌵 沙漠

⛰ 山地

🌲 针叶林

〰 河流

大弯曲国家公园主要由沙漠构成，此外还有山地、森林、灌木林和河流等栖息地。雄伟的格兰德河吸引了各种各样的野生动物。

约书亚树国家公园

加利福尼亚州　1994 年建立

　　神秘而迷人的约书亚树国家公园看起来光秃秃的，但其实充满了生命。它位于莫哈韦沙漠和科罗拉多沙漠的交会处。白天，耀眼的阳光照射在沙地上；晚上，夜空中缀满了闪烁的星星。

每年春天和夏天，珍稀动物斯氏拟黄鹂都会来到公园筑巢。

小·档案

面积： 3217.88平方千米
最高海拔： 1773米，鹌鹑山
每年访客数量： 大约300万名

约书亚树

　　约书亚树国家公园是以这些生长在沙漠中的独特植物命名的。然而，约书亚树并不是真正的树，而是高大的丝兰属植物。

约书亚树长着针状的绿叶。

沙漠夜蜥

约书亚树国家公园的野生动物必须学会应对炎热的沙漠环境。沙漠夜蜥生活在约书亚树掉落的树枝下,它可以在那里捕食昆虫,同时躲避白天的炎热天气。

人类家园

许多不同的族群生活在约书亚树地区,包括平托文化印第安人、卡胡拉族印第安人、切梅惠维族印第安人、塞拉诺族印第安人,这里还生活着牧场主和矿工。在整个国家公园内都能找到岩画。

国家公园生境

 沙漠   山地

约书亚树国家公园横跨莫哈韦沙漠和科罗拉多沙漠,拥有六座山脉。生活在这里的动植物已经适应了恶劣多变的自然环境。

观星

加利福尼亚州南部有大量的光污染,但这里是个例外——在约书亚树国家公园,游客可以在深邃的夜空中,看到闪烁的恒星、行星和银河系。

国家公园里发现的墨西哥刺木,能开出美丽的红花。

43

约塞米蒂国家公园

加利福尼亚州　1890 年建立

约塞米蒂国家公园以倾泻而下的瀑布、陡峭的悬崖和深谷而闻名。访客们被吸引来此，国家公园中的巨型红杉尤其引人注目，它们是世界上最大的树木。

酋长岩

约塞米蒂的悬崖峭壁吸引着勇敢的攀岩者。酋长岩海拔最高的一侧约有914 米，几乎比自由女神像高 10 倍。

约塞米蒂瀑布

瀑布

约塞米蒂瀑布高达739 米，是世界上最高的瀑布之一，奔涌而下的激流分成上、中、下三段。

小·档案

面积： 3082.68平方千米
最高海拔： 3997米，莱尔山
每年访客数量： 超过400万名

巨型红杉

44

巨型红杉是一种针叶树，叶片细薄，球果长有鳞片。

国家公园生境

▲ 山地

🌲 针叶林

〰 草原

⬤ 河流

约塞米蒂的栖息地类型包括草原、灌木丛，以及围绕着花岗岩山峰的针叶林。多样化的栖息地为各种各样的动物提供了丰富的食物。

以此为家

在现代定居者进入约塞米蒂山谷之前的几千年里，米沃克族印第安人等原住民早已在这个地区安家。他们用雪松树皮建造名为"乌马卡斯"的住所，用来抵御恶劣天气。

美洲黑熊

约塞米蒂以黑熊的家园而闻名。事实上，公园里生活着多达 500 只黑熊。虽然名字叫"黑熊"，但许多黑熊长着棕色的皮毛，与比它们体形更大的表亲——棕熊相似，不过国家公园里没有棕熊。

45

基奈峡湾国家公园

阿拉斯加州　1980 年建立

  基奈峡湾国家公园是阿拉斯加最小的国家公园，拥有877千米长的冰川侵蚀而成的峡湾（陡峭的悬崖之间的狭长海域）海岸线。在海岸上，洁白的冰川高耸于茂密的森林之上，森林里生活着许多野生动物。

雪羊可以攀登其他动物不能抵达的石崖。

哈丁冰原

  辽阔的哈丁冰原包含了大约40条绵延不尽的冰川。冰川是巨大的冰河，缓缓流下山脉。基奈峡湾的阿拉里克冰川流入阿拉里克湾。

乘船游览

  观赏基奈峡湾国家公园的冰山、冰川和山脉，最好的方法之一就是乘船。海狮和鲸可能会突然出现在你面前！

小·档案

面积： 2709.98平方千米

最高海拔： 2015米，特鲁利峰

每年访客数量： 超过30万名

皇家岛国家公园

密歇根州　1940 年建立

　　皇家岛国家公园位于苏必利尔湖的西北角，是由皇家岛和周围的数百个小岛组成的。由于没有道路和城镇，这里是 99% 的荒野，也是狼、驼鹿和许多其他动物的家园。

横渡湖泊

　　访客只能乘船或乘坐水上飞机才能到达皇家岛国家公园。冬天的湖面有时会结冰，国家公园则会闭园，但仍有一些研究人员去那里研究野生动物。

沉船

　　至今已有数以百计的船只在皇家岛附近的水域沉没。一些游客选择以水肺潜水的方式来探索沉船和发现湖中独特的鱼类。

小·档案

面积： 2313.95平方千米
最高海拔： 425米，德索尔山
每年访客数量： 大约2.6万名

大雾山国家公园

田纳西州·北卡罗来纳州　1934 年建立

　　作为美国访客最多的国家公园，大雾山每年接待访客超过 1250 万人次。有些是来此探险，有些只是来旅行。奔涌的河流呼唤着划桨的高手，阿巴拉契亚小径召唤着远足的行人，而切罗基族印第安人几千年来一直把这里当作家园。

初夏，萤火虫发出闪光来吸引异性，森林中星星点点的荧光十分浪漫。

蓝色烟雾

　　大雾山得名于萦绕山间的青蓝色烟雾。切罗基族印第安人把这个地区称为"蓝色烟雾之地"，其实这是国家公园茂密的森林蒸腾出的水蒸气形成的滞留于地表附近的浓雾。

克林曼山圆顶是国家公园内的海拔最高点，有 360 度的观景视角。

小·档案

面积：2114.19平方千米

最高海拔：2025米，克林曼山圆顶

每年访客数量：超过1250万名

云石蝾螈

大雾山被誉为“蝾螈世界之都”！这里生活着30种两栖动物，包括云石蝾螈和许多种类的无肺蝾螈。

这些昆虫被称为帅蕈甲，它们以死树树皮下的真菌为食。

国家公园生境

山地

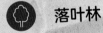

落叶林

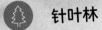

针叶林

河流

国家公园以山脉为主，长满落叶林和针叶林，是许多野生动物的家园。溪流和小河也孕育了许多物种。

切罗基族印第安人

切罗基族印第安人以其狩猎、农业和商品交易技能而闻名。他们已经在大雾山中生活了大约4000年。

红色的耧斗菜生长在森林的草地中。

茂密的森林

　　大雾山国家公园终年薄雾缭绕，一派郁郁葱葱的景象。冷杉和松树等常绿树木覆盖着较高的山坡；落叶乔木，如枫树、山毛榉和山核桃树，则生长在海拔较低的区域。

北瀑布国家公园

华盛顿州　1968 年建立

　　北瀑布国家公园拥有无可比拟的复合美景：茂密的原始森林、绚丽的高山湖泊、巨大的冰川、崎岖的山脉和倾泻而下的瀑布。在这个独特的国家公园里，有将近644 千米长的小径可以进行徒步旅行，有超过500 个湖泊可供探索，还有许多山峰可以攀登或远眺。无尽的冒险机会等待着你！

鼠兔生活在国家公园里，它们可能看起来很像老鼠，但是它们和**兔子**有很近的亲缘关系。

魔鬼湖

　　魔鬼湖是皮划艇爱好者的热门目的地，也是欣赏常绿森林美景的好去处。湖水之所以呈现出美丽的绿松石色，是因为附近的冰川将一些岩石颗粒带入了湖中。

贝克山

　　这座活火山位于喀斯喀特山脉，海拔超过3286米，可以俯瞰整座公园。它被13 条冰川覆盖着，是地球上积雪最多的山脉之一，因此成为高山滑雪运动的理想地点。

小·档案

面积：2042.77平方千米

最高海拔：2804米，古德山

每年访客数量：超过3.8万名

冰川

国家公园里有超过 300 条冰川，因此山脉的顶峰都覆盖着皑皑白雪。当冰雪融化的时候形成了众多的瀑布，公园因此而得名。

国家公园生境

 针叶林

 山地

 河流

湖泊

瀑布从北喀斯喀特山脉的顶峰流下，为河流、湖泊、森林、山坡和草地提供水源。这些自然栖息地供养着繁盛的动物群落。

野草莓

拯救本土植物

本土植物对国家公园的生态系统至关重要。然而，它们经常被徒步旅行者踩踏。为了保护这些植物，公园巡护员在安全的环境中种植它们，秋天再将其移栽进公园。

国家公园里生活着一小群灰熊。

峡谷地国家公园

犹他州　1964 年建立

　　峡谷地国家公园"园如其名"，就是一片峡谷之地！这里是红色砂岩、沙漠鸟类和其他沙漠动物的家园，还有历经数百万年形成的奇妙的岩石拱门。格林河和科罗拉多河蜿蜒流过犹他州的峡谷，阳光将峡谷染上了色彩。

四个区域

　　峡谷地国家公园分为四个区域：空中岛屿区、针尖区、迷宫区和河流区。空中岛屿区吸引了最多的游客。"岛"其实是一座平顶山，山坡陡峭，高耸于此。该区还有许多风景如画的拱门。

丝兰花只通过丝兰蛾授粉。

在沙漠中生存

　　由于极度干旱，公园里的树木生长得十分分散。它们的根能够穿透岩石寻找水源。在极端情况下，犹他杜松甚至会切断树枝的供水，以求生存。

犹他杜松通常能活700年以上。

马蹄峡谷集中展示了古代美洲印第安人岩画艺术。

偏远的针尖区到处都是五颜六色的砂岩尖顶。这里有超过 97 千米的徒步小径和许多通往偏远地区的越野驾驶冒险路线。

红头美洲鹫利用敏锐的视力和嗅觉寻找食物。

这件艺术文物被称为圣灵板。

国家公园生境

 沙漠   河流

峡谷地的高原荒漠景观由岩层、峡谷迷宫和河流廊道组成，只有耐旱性最强的动植物才能在这里生存下来。科罗拉多河和河岸上茂盛的植被吸引了大量的野生动物。

古代印第安艺术

峡谷地有着丰富的岩画艺术：有些是在岩壁或者地面上切割、雕刻而成；有些是用矿物颜料或植物染料着色绘制而成。

夏威夷火山国家公园

夏威夷州　1916 年建立

从高空中观察火山喷发，视野更广、更清晰。

　　无尽的海洋、阳光和热带野生动物……夏威夷火山国家公园是一个神奇的世界。国家公园主要包括两座活火山，其景观是由"火"锻造而成的。难怪夏威夷火山被认为是火之女神佩拉的故乡，它也是夏威夷人的圣地和波利尼西亚文化的传奇。

活火山

　　夏威夷火山国家公园以公园里两座充满岩浆的火山而命名。其中一座是基拉韦厄火山，它是世界上最活跃的火山之一，上次爆发是在 1983 年至 2018 年。另一个是莫纳罗亚火山，如果从高耸入云的山顶量到海底的山脚，它比珠穆朗玛峰还要高！

多型铁心木花

　　多型铁心木是在整个地区被熔岩覆盖后第一种生长的植物。多型铁心木的花朵仿佛燃烧的火焰，因此据传说是火之女神佩拉的化身。

开黄色花的多型铁心木有着又长又宽、末梢尖尖的叶子。

国家公园生境

 山地

 热带雨林

 海滩

　　夏威夷是火山活动的产物，也是美国唯一拥有热带雨林的州。热带雨林是许多动物的栖息地。海滩为海龟提供了筑巢的场所。

1983年至2018年，基拉韦厄火山的喷发使夏威夷岛的面积增加了数平方千米。

火山岩

小·档案

面积： 1317.68平方千米

最高海拔： 4169米，莫纳罗亚火山

每年访客数量： 大约137万名

在大约50万年前，莫纳罗亚火山开始从太平洋的海面上隆起，而且至今仍在生长。

州鸟

夏威夷州鸟——黄颈黑雁，又称为夏威夷黑雁，正受到威胁。食肉动物和人类的土地开发都影响着它们的生存，因此它们是受保护的物种。

火山景观

　　夏威夷火山国家公园的活火山充满野性、不可预测。火山的喷发形成了广阔的岩石景观，其中有许多火山特征，如熔岩管、月球表面般的火山口和蒸汽喷口。

大提顿国家公园

怀俄明州　1929 年建立

　　大提顿峰和提顿山脉的其他高山是落基山脉中最年轻的成员，在 900 万年前开始形成。这些崎岖险峻的山峰从怀俄明州杰克逊霍尔山谷的谷底升起，高达 2134 米。它们矗立在镜子般平静的湖泊和蛇河之上，那里是野生动物的家园。

国家公园里的野生动物

　　大提顿国家公园吸引了大量的野生动物。哺乳动物如巨大的野牛、灰熊和驼鹿，还有田鼠和鼩鼱；鸟类如白头海雕和蜂鸟。爬行动物、两栖动物、鱼类；还有无数的无脊椎动物，如昆虫，也生活在这里。

小·档案

面积： 1254.70 平方千米

最高海拔： 4199 米，大提顿峰

每年访客数量： 大约 340 万名

捕羊人

在这片区域生活的肖肖尼人被称为"捕羊人"。因为他们以猎杀高坡上的大角羊为生。羊角被制成工具，其他部分被吃掉或制成用具。

登山运动员从世界各地赶来攀登三座提顿山：大提顿峰、东提顿峰、南提顿峰。

按照传统的生活习俗，肖肖尼人住在圆锥形帐蓬里。

国家公园生境

 山地

 落叶林

 针叶林

 湖泊

山脉是大提顿国家公园的主要特征。这里也有其他类型的栖息地，如森林、湖泊、河流、灌木丛和湿地。多样化的栖息地类型支撑着大量的动物种群。

雌性驼鹿会照顾小鹿一年。

驼鹿

国家公园里有很多驼鹿。它们出没于森林、草地、湖泊和溪流中，是鹿科中体形最大的一种。秋天，它们求偶的叫声在国家公园中久久回荡。

牛轭弯是蛇河的一处弯曲段。

落基山国家公园

科罗拉多州　1915 年建立

　　落基山的英文名为"Rocky Mountain"，意为岩石之山。嶙峋的山峰和陡峭的山路每年吸引成千上万的登山者和徒步旅行者来此探险，但是许多路线并不适合胆小的人。公园里还有美丽的草地，茂密的森林，波光粼粼的河流、湖泊和冰川。

红交嘴雀的嘴长相奇特，上下喙互相交叉，方便它们吃针叶树的种子。

朗斯峰

　　朗斯峰是落基山国家公园里海拔最高的山，在数千米之外就能看见。这座雄伟的山峰由浅灰色的花岗岩构成，深受徒步旅行者和登山者的喜爱。

锁孔岩位于朗斯峰。

小·档案

面积： 1075.68平方千米

最高海拔： 4346 米，朗斯峰

每年访客数量： 大约450万名

山脊公路

　　山脊公路又被称为"通往天空的高速公路"，能带领访客穿过松林和开满野花的草地，来到海拔 3713 米的高地。山脊公路连接埃斯特斯公园镇和格兰德湖，沿途有着令人惊叹的美景。

牛眼雏菊生长在落基山国家公园里。

国家公园生境

 山地

 针叶林

 草地

　　在国家公园海拔较低的地区，覆盖着草甸的山谷和山坡，生活着丰富的动物种群。在地势较高的区域，主要植被是郁郁葱葱的常绿针叶林。

美洲狮

　　美洲狮又称为山狮，这种强健的猫科动物是技艺高超的猎手。在追踪猎物（如鹿）时，常常潜伏在树木和巨石后面，然后趁猎物最意想不到的时候突袭。美洲狮通常喜欢与人类保持距离。

熊湖

　　这片高山湖泊是落基山国家公园的热门目的地。熊湖是由远古时期的冰川侵蚀形成，位于海拔 3840 米的哈雷特峰之下。一条环绕湖边的小径带领徒步旅行者穿过针叶林，这里是山雀、松鼠、驼鹿，以及许多其他动物的家园。

海峡群岛国家公园

加利福尼亚州　1980 年建立

海峡群岛位于加利福尼亚州南部海岸。这个岛链上生活着一些此处独有的动植物。长满海草的海床和海藻构成的海底森林孕育着生机勃勃的海洋生物群落。

小·档案

面积： 1009.94平方千米

最高海拔： 747 米，暗黑峰

每年访客数量： 超过40万名

岛屿

海峡群岛由 8 个岛屿组成，其中 5 个构成了海峡群岛国家公园：阿纳卡帕岛、圣克鲁斯岛、圣罗莎岛、圣米格尔岛和圣芭芭拉岛。每个岛屿都有自己独特的地貌和野生动物。

木本金鸡菊生长在公园里。开鲜艳的黄色花，茎干坚固，呈树枝状。

岛屿野生动物

公园里生活着 2000 多种动植物。群岛上甚至有此处独有的狐狸，称为岛屿灰狐。沿海水域充满了海洋生物，如多腕葵花海星、海狮和鲸。

大约8万只加利福尼亚海狮在公园的圣米格尔岛上繁殖后代。

国家公园生境

〰️ **海洋**

🌊 **海岸**

〰️ **草原**

🌿 **灌木林**

海峡群岛及其附近海域有着令人难以置信的丰富的生物多样性。海岸、草原、灌木林和森林为许多动物提供了理想的栖息地。

丘马什人

人类在海峡群岛上生活了至少 13000 年。丘马什人是其中最著名的居民，他们的名字意为"贝壳珠货币的制造者"。

丘马什人建造船只，用来捕鱼和交易货物。

恶地国家公园

南达科他州　1978 年建立

1979年，黑足雪貂被宣布灭绝，但在1981年，人们又重新发现了它的踪迹。

　　因其极端的温度和粗糙的地貌，原住民拉科塔人将这里取名为"恶地"。恶地以丘陵、峡谷和岩石尖顶为特色。这些令人印象深刻的岩层是由一层层随着时间的推移而磨损的岩石组成的，最终形成了我们今天看到的彩色条纹岩石。

小·档案

面积： 982.39 平方千米

最高海拔： 1018米，红衬衫台地

每年访客数量： 大约100万名

黄土丘

　　恶地拥有许多色彩斑斓的岩石。黄土丘是由明黄色的化石土壤构成的。这种土壤叫作古土壤，里面含有史前海洋生物的化石。

美洲野牛

　　作为美国体形最大的哺乳动物，在恶地广阔荒野上游荡的美洲野牛很容易被发现。19 世纪，由于过度狩猎，野牛数量锐减。目前，野牛受到保护，种群数量正在缓慢恢复。

国会礁国家公园

犹他州　1971年建立

国会礁国家公园因其巨大的白色砂岩圆顶地质结构而得名，这些圆顶看起来很像美国国会大厦。公园里充满了令人惊叹的奇形怪状的岩石构造。夏天这里的温度可以达到 38 摄氏度。

苹果

小·档案

面积： 978.95平方千米
最高海拔： 2731 米，科罗拉多高原
每年访客数量： 超过120万名

果园区

果园区成立于 1880 年，当年同时居住在那里的家庭不超过 10 户。果园区因拥有众多果园而得名，种植了苹果、梨、樱桃和其他水果。在这个气候炎热的地区，只有弗里蒙特河附近才能耕作。

水穴褶曲

接近 161 千米长的水穴褶曲是地球表面的一道"皱纹"。在 5000 万年至 7000 万年前，地壳运动把一块陆地向上推升，至今已向西推升了 2133 米。

烟囱岩位于水穴褶曲的边缘。

69

雷尼尔山国家公园

华盛顿州　1899 年建立

　　雷尼尔山——这座活跃的成层火山是华盛顿州的标志。雷尼尔山国家公园充满了冰川、茂密的森林和开满野花的草地。雷尼尔山及其周围的群山是喀斯喀特山脉的一部分，覆盖着皑皑白雪的顶峰十分壮观。

公园里有数百种野花，如猩红色的火焰草花。

野花草地

　　雷尼尔山国家公园以美丽的野花而闻名，如夏季盛开的紫色的羽扇豆花（鲁冰花）。国家公园的森林里生长着耐阴野花，而需要充足阳光的野花在山间草地里茁壮成长。

拯救渔貂

　　渔貂是黄鼠狼的亲戚，人们曾经为获得它们珍贵的皮毛而大肆捕猎，最终导致它们在华盛顿州灭绝。现在，渔貂正被重新引入原生栖息地。有时候，可以发现它们在国家公园森林的树洞中筑巢。

丑鸭在春天飞来公园筑巢。

国家公园生境

🌲 针叶林

〰 草原

⛰ 山地

🏔 冰雪

　　火山、山脉和冰川高耸在雷尼尔山国家公园，随着海拔降低，常绿针叶林逐步被草原取代，有许多动物在那里安家落户。

国家公园附近的塔图什山脉，是喀斯喀特山脉的一部分。

如镜的湖面

　　雷尼尔山最美的景色之一就是如镜面般平整的湖泊。在晴朗、宁静的日子里，火山完美地倒映在山间湖泊的水面上，美不胜收。

小·档案

面积：956.60 平方千米

最高海拔：4392 米，雷尼尔山

每年访客数量：大约150万名

石化林国家公园

亚利桑那州　1962 年建立

　　石化林国家公园充满了彩虹般绚丽的风景和开阔的空间。这里的宝藏是一片古老的森林，由世界上最大的 2.25 亿年前的石化林（木质已经转变成岩石）组成。巨大的原木化石中充满了彩色的石英石。恐龙化石随处可见。

小·档案

面积：895.93 平方千米

最高海拔：1897米，飞行石

每年访客数量：大约65万名

彩绘沙漠

　　西班牙探险家给这片沙漠取名为"彩绘沙漠"。在他们看来，沙漠中的黏土和泥岩看起来仿佛是落日在大地上绘制的杰作。在彩绘沙漠旅馆，岩画艺术让我们得以一窥沙漠中最早的原住民之一———霍皮人的文化。

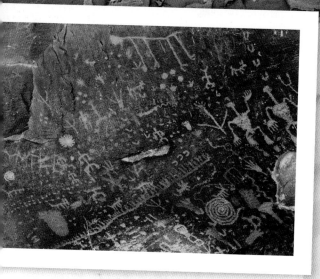

国家公园生境

🌵 沙漠

〰️ 草原

🌿 灌木丛

🌲 针叶林

国家公园位于高原沙漠地区，但也分布有矮草原、灌木丛和针叶林。这些栖息地供养着各种各样的哺乳动物、爬行动物、鸟类和其他动物。

普埃布洛人

1000 年前，普埃布洛人在石化林地区生活和耕种。他们用石化木来建造房屋，并在岩石上雕刻、绘制了许多艺术品（上图）。

环颈蜥生活在国家公园里，它们捕食昆虫、蜘蛛和其他爬行动物。

北美松蛇

北美松蛇是一种无毒蛇，在公园里很常见。受到威胁时，它们通过发出嘶嘶声、振动尾巴来模仿响尾蛇，吓退敌人。

暗冠蓝鸦的体色蓝黑相间，能模仿许多其他鸟类和动物的叫声。

石化木

这些石化木是史前树木的遗骸，原本被深埋在地下，地球的板块运动把化石推到了地表，并让它们碎裂成大段和小块。

73

探险家国家公园

明尼苏达州　1975 年建立

　　这座位于明尼苏达州的国家公园与加拿大接壤，是一片湖泊仙境，其丰富的景观还包括森林和沼泽。国家公园的名字是为了纪念"探险家"——法裔加拿大毛皮商人，他们在原住民奥吉布韦人的帮助下，乘坐独木舟探索这个地区。

小·档案

面积： 883.11平方千米

最高海拔： 430 米，无名点

每年访客数量： 大约23.5万名

枫叶

星罗棋布的湖泊

　　国家公园里有四个大湖，分别叫作雨湖、卡贝托伽马湖、那马坎湖、沙点湖，还有许多小湖。国家公园大约三分之一的面积被水域覆盖。

卡贝托伽马湖的形状是由数千年前的冰川侵蚀而成，如今湖水如水晶般清澈透明。

潜鸟的叫声

　　普通潜鸟的叫声有时候十分刺耳，在湖面上回荡。明尼苏达州是美国本土 48 个州中潜鸟数量最多的州。

仙纳度国家公园

弗吉尼亚州　1935年建立

　　美洲印第安原住民、矿工、伐木工、士兵和探险家们都曾穿过蓝岭山脉。这些高山孕育了仙纳度国家公园，到处都是美丽的瀑布、溪流和树木繁茂的山谷。

小·档案

面积：806.23平方千米
最高海拔：1235米，玳瑁山
每年访客数量：大约140万名

天际线公路

　　这条169千米长的观景公路横贯整个仙纳度。天际线公路蜿蜒穿过连绵起伏的山丘、历史悠久的房屋和雄伟的山脉，是穿过公园的唯一一条公路。

捉红丽唐纳雀有着鲜艳的色彩，常在树木高处出没。

山核桃树的花序精巧繁复，果实较大。

沼泽乳草在夏季开花，粉红色的花朵会吸引黑脉金斑蝶。

野花遍地

　　国家公园里一年中大部分时间都有野花盛开，呈现出仿佛万花筒般绚烂的色彩。春天是观赏野花的最佳时节——这时在草地和森林中大约有900种植物开花。

火山口湖国家公园

俄勒冈州　1902 年建立

　　火山口湖国家公园的主要吸引力就在它的名字之中——火山口湖。它是在 7700 年前由一座巨大的火山爆发和崩塌后形成的。火山口湖以其纯净、清澈、明亮的蓝色湖水而闻名，其水源来自降雨和融雪。

"湖中老人"是一根漂浮在湖面上的树桩，已经在湖中浸泡了约 **100 年**。

巫师岛

　　这座岛屿其实是从火山口湖中拔地而起的一座火山。生长在山坡上的一些树木已经有 800 岁了。巫师岛之所以这么命名，是因为它看起来像一顶巫师的帽子！

小·档案

面积： 741.48 平方千米

最高海拔： 2721 米，斯科特山

每年访客数量： 超过 70 万名

骑自行车的游人可以在火山口湖长达 53 千米的环湖公路骑行。

幽灵船岛

火山口湖中的这座小岛看起来就像是一艘漂浮在冰冷水面上的幽灵船。它是由超过40万年历史的火山岩组成的。

加利福尼亚金背黄鼠在国家公园里十分引人注目，因为它们体色鲜艳，而且对人类很友好。

国家公园生境

湖泊	
山地	
针叶林	

国家公园位于森林的中心地带，被郁郁葱葱的森林所包围。火山口湖的湖水则是水生生物的家园。

科学与学习中心

火山口湖是一个充满自然奇观的天然实验室。前来研究湖泊的科学家和研究人员在访问期间可以住在这栋翻新过的房子里。

幽深的湖水

火山口湖含有 17.4 万亿升的水，最大深度为 592 米，是美国最深的湖泊，也是地球上第九深的湖泊。1833 年，一群探险家在寻找黄金时发现了这个湖泊，命名为深蓝湖。1869 年重新命名为火山口湖。

比斯坎湾国家公园

佛罗里达州　1980 年建立

　　比斯坎湾国家公园坐落在迈阿密的海岸边，只能乘船前往。这里有美丽的珊瑚礁和红树林，是观赏各种海洋生物的绝佳地点——从海龟到龙虾，再到海牛和海豚。

小·档案
面积： 699.99 平方千米
最高海拔： 3 米，托滕礁岛和老罗德礁岛
每年访客数量： 超过70万名

比斯坎湾

　　比斯坎湾的潟 (xì) 湖很受潜水者的喜欢。这里有很多海洋生物，包括珊瑚虫、鹦嘴鱼、蝴蝶鱼、神仙鱼和海龟。潜水员可以在水下走一条固定的路线——海洋遗产之旅。

海洋遗产之旅以六艘沉船为特色。

海牛

这些温和的巨兽体形庞大，行动缓慢，以海草为食。从 11 月到次年 4 月，可以在国家公园里看到易危物种海牛，它们很容易受到过往船只的碰撞。

红树林在春季和夏季开花。

海牛有桨状的尾巴。

红树林

枝繁叶茂的红树林一半生活在海面上，一半生活在海面下。4050 平方米的红树林每年可以掉落 2.7 吨的树叶，成为鱼类、蠕虫和甲壳类动物的重要食物来源。

国家公园生境

- 珊瑚礁
- 红树林
- 海洋
- 海岸

比斯坎湾巨大的河口是淡水和海水交汇的地方，是珊瑚群落和红树林的天堂。水生生物和陆生动物也聚集在这里。

福威岩灯塔水面以上高达33.5米。

大沙丘
国家公园

科罗拉多州　2004年建立

大沙丘国家公园是北美洲最高的沙丘地带。巨大的沙峰大约覆盖了78平方千米的面积。国家公园里最高的沙丘叫作星星沙丘，它从底部到顶部高达230米，是自由女神像的两倍多！

小·档案

面积： 603平方千米

最高海拔： 4146米，提杰拉斯峰

每年访客数量： 超过50万名

古老的沙子

大沙丘国家公园的沙丘连绵起伏，一望无际。这里的沙子由29种不同类型的矿物组成，如绿松石和紫水晶，沙子本身大约有3500万年的历史！

美洲羚羊生活在草原上，能以每小时50千米以上的速度奔跑。

在没有云层，也没有月亮的夜晚，公园里的露营者可以欣赏夜空中成千上万颗璀璨的星星。

湿地

公园里点缀着湿地。在炎热的夏季，湿地对许多野生动物至关重要，比如驼鹿、滨鸟和蜻蜓。湿地在冬天会结冰。

大约20000只沙丘鹤在春天和秋天的迁徙途中经过国家公园。

只有在这个公园里才能找到大沙丘虎甲。

虎甲

这里是大沙丘虎甲的家园。这种甲虫只有2厘米长，头部闪烁着蓝绿色的金属光泽，翅膀上有小提琴形状的斑纹。它们能存活两年半左右。

在夏天盛开的野生向日葵，将草原和沙丘装饰得焕然一新。

国家公园生境

🌵 沙漠

▲ 山地

〰 草原

🌿 灌木林

沙丘被草原和湿地包围，溪流为草原和湿地提供水源。国家公园里的山脉和灌木林也孕育了种类丰富的野生动物。

令人惊叹的沙丘

　　大沙丘国家公园及保护区坐落在桑格雷—德克里斯托山脉之下。两条溪流从山上流下，在沙丘地带沉积沙子。随后，风把沙子吹到沙丘上。

宰恩国家公园

犹他州　1919 年建立

　　宰恩是犹他州的第一个国家公园，位于大盆地、科罗拉多高原和莫哈韦沙漠的交会处。数百万年来，水、风和冰创造了引人注目的景观。在 19 世纪 60 年代摩门教移民来到这里之前，著名的峡谷一直都是阿纳萨齐族和派犹特族印第安人的家园。

宰恩峡谷

　　国家公园以宰恩峡谷为中心，这个狭窄的峡谷长达 24 千米是由维琴河侵蚀而成的。峡谷的有些区域落差高度接近 914 米。

大角羊攀登上岩石峭壁，躲避捕食者。

小巡护员

在宰恩等国家公园，少年儿童可以通过完成活动获得徽章，而成为国家公园的小巡护员。这些有趣的活动包括徒步旅行和解谜等。

墨西哥西点林鸮

生活在公园红岩峡谷中的墨西哥西点林鸮是身手矫健的猎手。由于栖息地丧失，这种猫头鹰的生存已经受到威胁。不过，它们在公园里的种群得到了妥善保护。

宰恩是科学家研究地球史前历史的理想场所。

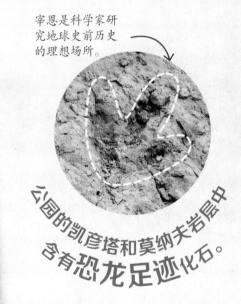

公园的凯彦塔和莫纳夫岩层中含有恐龙足迹化石。

国家公园生境

 山地

 沙漠

 河流

🌲 针叶林

国家公园的高山上生长着针叶林和沙漠植物。迷宫般的峡谷中隐藏着许多泉水和瀑布，吸引野生动物前来。

发掘化石

研究化石的科学家利用各种工具在岩石中仔细地寻找、挖掘化石。

放大镜可以显示化石更精细的细节。

白沙国家公园

新墨西哥州   2019 年建立

荒凉、粉末状的石膏沙丘，使白沙国家公园看起来仿佛是外星球的表面。公园坐落于新墨西哥州南部的奇瓦瓦沙漠，绵延起伏的沙丘在繁星闪烁的夜空下延伸开来。

沙漠刺莲花盛开明黄色的星状花朵。

融为一体

白化无耳蜥蜴可以与周围的白色石膏沙丘融为一体，这称为保护色，能保护它不受掠食者的伤害。

小·档案

面积： 592.23平方千米

最高海拔： 1255米，被称为"NE 30"的前军事基地

每年访客数量： 超过60万名

白化无耳蜥蜴

滑沙

喜欢冒险的人们来到白沙国家公园，享受一种特殊的刺激性运动——滑沙。滑沙时，人们乘坐滑沙板沿着石膏沙形成的柔软的斜坡向下滑。滑沙板是一种特质的大型雪橇，为了减少摩擦还会上蜡。你可能需要多滑几次才能掌握这项有趣的运动！

红杉树国家公园

加利福尼亚州　1968 年建立

　　红杉树国家公园暨州立公园是地球上最高的树木——红杉树的家园。在加利福尼亚州海岸旁，这些古老的参天大树的树冠层为善于滑翔的鼯鼠和无数的鸟类提供了庇护所。成群的罗斯福马鹿在红杉林的林间空地上漫步。

西美草地鹨是一种鸣禽，生活在国家公园的橡树林和开阔的草原上。

海岸红杉

　　海岸红杉可以长到近 122 米高。强壮的根系帮助它们挺过暴风雨和大洪水。有些海岸红杉已经超过 2000 岁了。而这个宏伟的物种在地球上已经存在了 2 亿 4 千万年。

延龄草生长在海岸红杉树干下，开白色或粉红色的花。

虎鲸

　　虎鲸也称为逆戟鲸，常年出没在国家公园的海岸边。尤其在每年 8—9 月，它们受到迁徙的王鲑的强烈吸引而追踪前来。

小·档案

面积： 562.51平方千米

最高海拔： 966米，郊狼峰

每年访客数量： 超过50万名

拉森火山国家公园

加利福尼亚州　1916 年建立

　　火山、湖泊、草地、瀑布、溪流在拉森火山国家公园完美共存，为野生动物提供了快乐的家园。蒸汽口、泥浆池、间歇泉和温泉等都是这个公园的地热现象，创造了一个火山仙境。

攀登拉森峰

　　拉森峰是国家公园里最高的山峰，国家公园以此命名。访客必须徒步 4000 米，再攀登 610 米才能到达山顶。

长途旅行的露营者可能会发现隐藏的湖泊。

内华达州赤狐

　　内华达州赤狐生活在喀斯喀特山脉和内华达山脉的高海拔地区。它们的数量正在减少，可能是由于人为捕杀、栖息地丧失、气候变化以及其他捕食者的竞争。

茂密的森林

国家公园大部分面积被森林覆盖，与广阔的拉森国家森林相邻。森林里密布红冷杉和三角叶杨，为骡鹿和美洲狮等动物提供了栖息地。

国家公园里的红冷杉可以长到53米高，甚至能存活300年！

国家公园生境

⛰ 山地

🏞 湖泊

🌲 针叶林

〰 草原

松林沿着公园的火山山脉分布。这里还有草原和湖泊，是野生动物的理想家园，包括一小群黑熊。

地铁洞穴是公园附近的一条熔岩隧道——由流动的熔岩形成的隧道。

秋天，杨树的叶子变成金黄色，在常青针叶林的映衬下格外显眼。

巨人柱国家公园

亚利桑那州　1994 年建立

　　巨人柱国家公园分为两个区。东部的林康山区多山，荒漠林茂密，野生动物稀少；西部的图森山区则是红色的沙漠，高大的仙人掌直冲蓝天。

小·档案

面积：371.16平方千米

最高海拔：2641米，云母山

每年访客数量：超过100万名

吉拉毒蜥

　　吉拉毒蜥是北美洲仅有的两种有毒蜥蜴之一。它们几乎所有时间都待在地下，因此很难被发现。

巨人柱仙人掌

　　国家公园是以巨人柱仙人掌命名的。这种美国最大的仙人掌身材高大，"手臂"向上弯曲，看起来庄严高贵，有着"沙漠帝王"的绰号。

一株巨人柱仙人掌每年春天能开100朵花。

瓜达卢佩山国家公园

得克萨斯州　1972 年建立

　　瓜达卢佩山国家公园是得克萨斯州最高峰的所在地，岩层中含有丰富的海洋动物化石。人类在这个地区生活已经有 12000 年的历史了——古代矛尖、篮子和陶器的发现证明了这一点。

游隼在飞行中捕捉猎物，猎物通常是小型鸟类。

船长岩

　　这座海拔 2464 米的岩层是远古石灰岩经过数百万年向上推进而形成的。历经风雨侵蚀之后，大量的古代鱼类、昆虫和两栖动物化石显露出来。

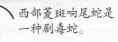

西部菱斑响尾蛇是一种剧毒蛇。

小·档案

面积：349.51平方千米

最高海拔：2667米，瓜达卢佩峰

每年访客数量：大约19万名

麦基特里克峡谷

　　这座峡谷以其多彩的秋叶而闻名——秋季来临，树叶变成鲜艳的红色、金色和橙色。这样的场景在沙漠地区很少见。

93

大盆地国家公园

内华达州　1986 年建立

　　大盆地国家公园是覆盖美国西部大部分地区的大盆地的一部分。这里为寒冷的沙漠环境，还拥有洞穴、森林和山脉。世界上最长寿的树木——狐尾松生长在国家公园里。

国家公园里已知最古老的**狐尾松**存活了将近5000年。

惠勒峰

　　国家公园里最高的山是惠勒峰，高达 3982 米，属于斯内克山脉的一部分。一片狐尾松林生长在惠勒峰的东北侧。

国家公园生境

荒漠圆锥花只需要少量的水就可以生存。

- 🔺 山地
- 🌲 针叶林
- ☁ 洞穴
- 🌵 沙漠

　　这里有各种各样的栖息地，从地势低平的沙漠到高山冻原。现存最古老的树木生长在高山上的森林里。国家公园里还有四个独特的地下洞穴群。

小·档案

面积： 312.34平方千米

最高海拔： 3982米，惠勒峰

每年访客数量： 超过13万名

漫天星空

　　大盆地国家公园被评为国际暗夜公园。在晴朗的夜晚，可以用肉眼看到恒星、行星、流星及银河系。

在夏天的夜晚，国家公园巡护员会和访客们一起乘坐"星星列车"，向他们介绍壮观的夜空。

雷曼洞穴

　　访客可以参观国家公园的洞穴，在那里他们可以近距离观察钟乳石、石笋，以及其他罕见的岩石构造。

拱门国家公园

犹他州　1971年建立

　　拱门国家公园是世界上最大的岩石拱门集中地，有记载的岩石拱门超过 2000 个。除此之外，公园里还有壶穴、平衡岩、尖塔和穹顶等千奇百怪的岩石结构，这些都是千百年来被水和风侵蚀形成的。

公园的**壶穴**为丰年虫、鲎虫和蛤虾提供了栖息地。

景观拱门

　　这个巨大的砂岩拱门长达 88 米，是世界上第五长、北美洲最长的天然拱门。拱门实际上是古代海洋留下的盐床上的岩石残骸。

骡鹿

　　骡鹿因有像骡一样的长耳朵而得名，又称为黑尾鹿，在国家公园里很常见。它们以植物为食，在凉爽的黎明和黄昏时最为活跃。

沙漠动物

白天天气炽热，国家公园里的许多动物会躲避毒辣的阳光。除了蜥蜴和鸟类，很难看到其他动物。许多动物是夜行动物，比如白喉林鼠，只有在气温较低的晚上才会出来。

国家公园生境

🌵 沙漠　　🌾 草原

拱门国家公园主要由沙漠和岩层组成，夏季炎热，冬季寒冷，自然环境十分恶劣。动物必须适应环境才能生存。

白喉林鼠从它们吃的食物中获取大部分水分。

犹他杜松的叶子呈鳞片状，有助于保持水分。

小·档案

面积： 310.30平方千米

最高海拔： 1723米，象山

每年访客数量： 大约170万名

犹他杜松

这种树木原产于美国西部的沙漠。它根系发达，可以找到地下深处的水源，并且可以存活几百年。

杜松的球果被鸟类、郊狼和其他动物吃掉。

罗斯福国家公园

北达科他州　1978 年建立

　　罗斯福国家公园充满恶地、草原和森林，也是野马群和野牛群的家园。该国家公园是为了纪念美国总统西奥多·罗斯福，他在总统任期内建立了 5 个国家公园。

小·档案

面积： 285.09平方千米
最高海拔： 873米，佩克山
每年访客数量： 大约70万名

马耳他十字架小屋

　　罗斯福总统在 1883 年买下了马耳他十字架小屋。今天，这栋房屋成了历史地标建筑，里面陈设有罗斯福总统的一些个人物品，包括他的旅行箱。

美洲野牛

　　国家公园里有两个较大种群的美洲野牛，数量约数百头。它们是 1956 年从内布拉斯加州带来的 29 头野牛的后裔。

草原响尾蛇生活在岩石堆和草原犬鼠废弃的地洞里，它们在冬季冬眠。

海龟国家公园

佛罗里达州 1992 年建立

海龟国家公园距离佛罗里达州南部海岸约 113 千米，是由七个主要岛屿组成的岛链。海龟和鱼类在五彩斑斓的珊瑚礁和失事船只周围的碧蓝海水中游来游去。

每年大约有**8万**只迁徙而来的**乌燕鸥**到公园的**灌木岛**上筑巢。

杰佛逊堡

杰佛逊堡建于 19 世纪，这座六边形建筑是美国第三大堡垒。在美国内战期间，它被用作监狱。

潜水员探索失事的船只，比如在赤蠵（xī）龟岛附近沉没的帆船。

观赏海龟

海龟国家公园周围的海域中，生活着包括赤蠵龟在内的 5 种海龟。

小·档案

面积： 261.84平方千米

最高海拔： 3米，佩克山

每年访客数量： 大约8万名

地下仙境

　　这个神奇的地下世界包括许多自然奇迹——史前时期由美洲印第安原住民绘制的岩画、蝙蝠群、钟乳石、石笋和其他岩石结构，甚至还有多达20种珍稀鲨鱼的化石！

国家公园生境

🌥 洞穴

🌳 落叶林

🌊 河流

〰 草原

　　许多动物依靠视觉以外的感官，已经适应了黑暗的洞穴生活。在地面上，森林、水域和草原养育了许多野生动物。

许多野花，比如粉红火焰花，在国家公园中开放。

猛犸洞国家公园

肯塔基州　1941 年建立

　　猛犸洞国家公园拥有地球上已知最长的洞穴系统，并已入选世界自然遗产名录。它的洞穴长度超过 644 千米。在它巨大的洞室里，令人惊叹的岩层之上是巨大的石灰岩天花板。洞穴外面有森林小径和河流可供探索。

数种蝙蝠生活在猛犸洞国家公园的洞穴里，比如**印第安纳蝙蝠**。

两条河流

格林河和诺兰河流经国家公园的广阔区域，总长48千米。为了欣赏肯塔基州郁郁葱葱的风景，划船是一个好方法。

穴居生物

哪里有水，哪里就有生命！昆虫、蠕虫、蝾螈、洞穴虾、洞穴螯虾（上图），以及蝙蝠，都生存在国家公园黑暗的地洞中。

洞穴蟋蟀是不会飞的昆虫，长长的触角可以帮助它们找到食物，躲避捕食者。

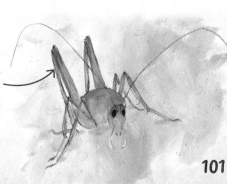

梅萨维德国家公园

科罗拉多州　1906 年建立

　　梅萨维德国家公园是唯一一个专门用来保护人类文化和历史遗迹的国家公园。700 多年前，古普埃布洛人在蒙特苏马山谷陡峭的砂岩悬崖边建造了村庄。现在，大约有 600 座悬崖住所留存至今。

小·档案

面积： 212.40平方千米

最高海拔： 2613米，公园点

每年访客数量： 超过55万名

悬崖住所

　　悬崖住所是用树枝和砂岩建造的。住所大小各异，有小小的单间小屋，也有多层的、可以容纳约 100 人的悬崖宫殿。

查平台地考古博物馆

　　国家公园的查平台地考古博物馆建于 20 世纪 20 年代，采用和悬崖住所相同的砂岩建造而成。博物馆展示了各种各样的史前文物，通过立体模型复原了古代印第安人的生活场景。

古代印第安人创造了一种黑白陶器风格。

公园里生活着许多蝴蝶的幼虫，比如北美黑凤蝶的幼虫。

阿卡迪亚国家公园

缅因州　1919 年建立

　　阿卡迪亚国家公园是访客众多的国家公园之一，因其美丽的森林、山脉、湖泊、溪流和海滩而闻名。该公园位于缅因州海岸边，覆盖了芒特迪瑟特岛的大约一半面积和附近的几个小岛。

佐敦池塘小屋从19世纪90年代就开始供应茶和泡芙了。

小·档案

面积： 198.6平方千米

最高海拔： 466米，凯迪拉克山

每年访客数量： 超过340万名

佐敦池塘

　　这个高山湖泊是由冰川形成的。湖水清澈见底，深度超过 46 米。

本地蜜蜂是"超级传粉者"，对许多本地植物的生存至关重要。

木百合鲜艳的花瓣吸引了熊蜂和其他传粉昆虫。

凯迪拉克山

　　在凯迪拉克山的山顶，可以远眺大西洋海岸的美景。冬天，这个地区是美国第一缕清晨阳光照耀的地方。

卡尔斯巴德洞窟国家公园

新墨西哥州　1930 年建立

　　卡尔斯巴德洞窟位于得克萨斯州—新墨西哥州边界的瓜达卢佩山脉的地表之下，这是一个包含超过 100 个石灰岩洞穴的洞窟系统，具有许多令人惊叹的岩石构造。地面之上是一片沙漠。

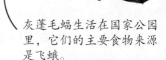

灰蓬毛蝠生活在国家公园里，它们的主要食物来源是飞蛾。

巨室

　　卡尔斯巴德洞窟中最大的洞穴被称为"巨室"，这是北美洲第五大洞穴。里面包含了国家公园著名的特色景点，比如"无底洞"。

领西猯在卡尔斯巴德洞窟地表上的灌木丛中穿梭。这些动物看起来很像野猪，但其实是不同的物种。

国家公园生境

 山地

 沙漠

 洞穴

　　这些洞穴是蝙蝠和其他生物的栖息地。在洞穴之外，许多动植物已经适应了严酷、干燥的环境——炎热的沙漠和崎岖的山脉等。

公园内已发现超过350种鸟类，包括纹背啄木鸟。

列楚基耶洞穴

自 1984 年以来，洞穴探险家们已经绘制出了这个长度超过 233 千米的石灰岩洞穴的地图。在这个洞穴中，具有各种各样巧夺天工的石膏结构，如"枝形吊灯"等。

松果是松柏科植物的种子，如生长在公园里的黄松。

小·档案

面积：189.26平方千米

最高海拔：1992米，瓜达卢佩山脉

每年访客数量：大约44万名

沙斯塔地懒

在 122 米深的卡尔斯巴德洞窟中，人们发现了一具生活在 11000 年前的地懒的骨骼。这是一种食草动物，差不多和棕熊一样大，它可能是不小心掉进洞里了。

钟乳石和石笋

　　卡尔斯巴德洞窟里充满了钟乳石和石笋，它们是由碳酸钙和其他矿物质构成的。钟乳石从洞顶垂下，而石笋则从洞底堆积起来。如果这两种岩石结构共同生长，经过足够长的时间，最终就会融合在一起，形成石柱。

布莱斯峡谷国家公园

犹他州　1928 年建立

　　布莱斯峡谷并不是一个真正的峡谷，而是充满了造型奇异的岩峰结构的一系列山谷。这些岩石迷宫中最大的一个——布莱斯露天剧场，长19千米。国家公园里的奇峰峻岭每年吸引数百万游客来此参观。

水的作用

　　国家公园海拔 2500 米以上的地区温度常常低于冰点以下。当雨水渗入岩石并结冰时冰的体积会膨胀。随着冰层加厚，岩石逐渐破裂。雨水也溶解了一部分岩石。最终，形成独特的岩峰结构，如布莱斯露天剧场（见下图）。

大盆地响尾蛇可以通过特殊的传感器感知热量。

雷神之锤

　　这座岩峰是以北欧神话传说中雷神挥舞的锤子命名的。

成年苍鹰长着灰色的羽毛。

小·档案

面积: 145.02平方千米
最高海拔: 2775米,彩虹点
每年访客数量: 大约260万名

苍鹰栖息在树枝上,伺机捕食猎物。它们可以迅速俯冲捕食,猎物通常是小型鸟类、松鼠或野兔。

国家公园生境

🌲 **针叶林**

⛰️ **山地**

🌊 **河流**

这个国家公园坐落在高处,奇异的岩石结构被一片广阔的森林所包围,而森林又被广袤的沙漠所包围。国家公园内生活着各种各样的野生动物。

布莱斯峡谷火焰草是一种罕见的开花植物,原产于犹他州。

犹他州草原犬鼠是群居动物。

犹他州草原犬鼠

这些濒临灭绝的小型哺乳动物重新被引入公园。如果发现捕食者,如老鹰或郊狼,草原犬鼠会发出警报声,提醒同伴。

蜂窝状地质结构

风洞的洞穴顶部覆盖着"蜂巢"——蜂窝状地质结构。这是世界上规模最大的、保存最完好的蜂窝状地质结构。

风洞国家公园

南达科他州　1903年建立

风洞是世界上最长的洞穴之一，目前已探明长约241千米的岩石通道。美洲印第安原住民认为洞口呼啸的风是来自地下世界的气息。地表之上，野牛、骡鹿、叉角鹿、北美马鹿和郊狼在草原上漫步。

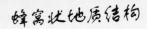

美洲隼捕食小型草原动物。

红色山谷

在宁静的草甸上，泥岩、页岩和粉砂岩构成的深红色和褐红色的悬崖格外显眼。许多动物穿过山谷来吃草或者寻找其他食物。

冠旋蜜雀

海勒卡拉国家公园

夏威夷州　1961年建立

　　海勒卡拉国家公园坐落在毛伊岛上。从一座巨型火山的顶部一直延伸到海岸，这座火山俯瞰着毛伊岛的景观。这里是珍贵的森林鸟类和奇特植物的家园。国家公园有供徒步旅行者使用的小径，骑自行车的人也可以体验沿着火山边缘环路骑行的惊险之旅。

本土森林鸟类

　　国家公园的一个高山森林区被称为重要鸟区，是稀有鸟类物种的家园，如冠旋蜜雀、镰嘴管舌鸟和毛岛鹦嘴雀。这些鸟类在世界上其他地方都没有被发现。

夏威夷银剑菊生长在炎热、干燥、陡峭的火山坡地上。

夏威夷银剑菊需要生长几十年才能开花，而且可以活到90岁。

银叶老鹳草可以通过反射阳光来降低温度。

小·档案

面积： 134.62平方千米

最高海拔： 3055米，海勒卡拉火山

每年访客数量： 大约100万名

海勒卡拉火山

　　海勒卡拉火山是一座由一层层干涸的熔岩流组成的盾状火山，在其顶峰山谷有14个火山渣锥。目前火山处于休眠状态，最后一次喷发为400~600年前。它的名字在夏威夷语中的意思是"太阳之家"。

库雅荷加谷国家公园

俄亥俄州　2000 年建立

　　库雅荷加谷国家公园是俄亥俄州唯一的国家公园。在这里，森林、岩石、湿地和瀑布环绕着蜿蜒流淌的库雅荷加河。除了丰富的野生动植物，这个公园还有许多人类历史文化遗迹，包括北美洲仍在运行的最古老的火车。

大蓝鹭的翼展可达2米。

河狸沼泽

　　这片沼泽有一条高架木板路，访客可以从那里观赏野生动物，比如河狸、麝鼠、蛙、龟、鸟，以及其他生活在这片湿地中的生物。

景区铁路

　　国家公园特别吸引人的地方之一就是历史悠久的库雅荷加谷景区铁路。沿着有近150年历史的铁路，765型机车缓缓驶过美丽的公园景观。

国家公园生境

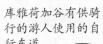

🌳 落叶林

🌾 湿地

〰️ 河流

国家公园以连接众多湿地、沼泽和溪流的库雅荷加河为中心。河岸边耸立着崎岖起伏的山脉，上面长满郁郁葱葱的山地森林。所有栖息地维持着野生生物的多样性。

库雅荷加谷有供骑行的游人使用的自行车道。

布兰迪万瀑布

布兰迪万瀑布落差高达 20 米，是国家公园里最高的瀑布，也是最为人熟知的瀑布。几百年来，布兰迪万瀑布一直是库雅荷加谷国家公园的地标。附近的水池吸引了蝶蟆。

成年斑点钝口螈一生大部分时间都生活在圆木下、岩石下，以及其他动物挖的洞里。

小档案

面积：131.81平方千米

最高海拔：355米，猛犸洞山脊

每年访客数量：超过220万名

甘尼逊黑峡谷国家公园

科罗拉多州　1999年建立

黑峡谷因为峡谷壁上的黑色阴影而得名。

　　黑峡谷的最深处，达到了令人眩晕的830米——真是无与伦比的景象。公园环绕着甘尼逊河而建，这条河流穿过陡峭的悬崖，激流冲击着岩壁，最后汇入下游的科罗拉多河。

甘尼逊河

　　大约在200万年前，甘尼逊河便已开始流淌。随着时间的推移，河水冲开厚厚的岩石，形成了长达77千米的黑峡谷。

大雕鸮

　　大雕鸮喜欢捕猎夜间在峡谷边缘出没的野兔和鼠类。圆圆的盘状面孔可以把声音直接传到耳朵里，所以它们能在黑暗中听到最细微的声音。

国家公园里的骡鹿喜欢取食甘比耳氏栎的树叶。

小·档案

面积：124.56平方千米

最高海拔：2755米，毒泉山

每年访客数量：超过43万名

尖石林国家公园

加利福尼亚州　2013年建立

尖石林国家公园是一座形成于2300多万年前的古代火山的一部分遗迹。火山因地球板块运动而分裂。尖石林已经向北移动了314千米——每年继续移动2.5厘米。

灌木罂粟在尖石林的岩石土壤中生长茂盛，绽放出明黄色的花朵。

小·档案

面积：107.99平方千米

最高海拔：1007米，北查隆峰

每年访客数量：大约18万名

洞穴和蝙蝠

公园里的洞穴是几种蝙蝠的家园，如汤氏大耳蝠。当巨石落入狭窄的峡谷，构成岩石"屋顶"，这些洞穴便形成了。

尖石林国家公园因与众不同的尖石群而得名。这些石峰由火山岩组成，经过数百万年的时间，被风雨雕琢成我们今天看到的模样。

汤氏大耳蝠通常能活16年。

115

康加里国家公园

南卡罗来纳州　　2003 年建立

　　康加里国家公园以其地势低洼的古老森林而闻名，其中包括美国东部一些最高的树木，这里有丰富多样的野生生物。公园坐落在河滩上，每年洪水泛滥大约 10 次，给森林带来宝贵的养分。

毒藤

小·档案

面积：107.14平方千米

最高海拔：43米，老牛皮路

每年访客数量：大约16万名

北美水獭

北美水獭生活在国家公园里。它们在河流湖泊和沼泽里捕食猎物，最喜欢的食物是鱼，但是也吃龟、蛙、蝾螈和小龙虾。

落羽杉的树围可达8米。

松湾河

　　松湾河是贯穿康加里国家公园的主要水道，这条穿过阔叶林的小河绵延 24 千米。划船和钓鱼是这里很受欢迎的休闲方式。

印第安纳沙丘国家公园

印第安纳州　2019年建立

　　该国家公园因沙丘而得名，这些沙丘始于13000多年前的最后一个冰河时期。国家公园位于密歇根湖广阔的水域边，拥有沼泽、森林、溪流和大草原。在这个生物多样性极为丰富的国家公园里，开花植物、鸟类和哺乳动物茁壮生长。

切尔堡农舍建于1885年，是一户瑞典人家的家园。

小·档案

面积：62.12平方千米

最高海拔：275米，高点

每年访客数量：超过210万名

春天，优红蛱蝶在湿地上飞舞。

　　印第安纳沙丘国家公园在每个季节都有独特的魅力。春天，鲜艳的野花在小径旁绽放；美丽的日落使夏天成为一年中最美好的时光；秋天，色彩斑斓的落叶覆盖了大地；冬天正好适合穿着雪鞋徒步。

　　公园位于密歇根湖的南端，拥有24千米长的湖岸线。访客可尽情享受各种各样的水上和沙滩活动。西湖滩是最受欢迎的湖滩。

美属维尔京群岛国家公园

美属维尔京群岛　1956 年建立

　　美属维尔京群岛国家公园由美丽的海滩、热带雨林和起伏的山脉组成。保护地延伸到圣约翰岛附近的海域，海龟、虹鱼和鲨鱼在珊瑚礁中游动。自然美景间点缀着甘蔗种植园的废墟，无声地述说国家公园的历史。

四斑蝴蝶鱼身体上的斑点看起来像大大的眼睛。

亚瓦兹点小径

　　沿着一条 0.5 千米长的小径穿过种植园废墟。小径在亚瓦兹点结束，在这里可以俯瞰两个海湾的海岸线。

白色沙滩

　　美属维尔京群岛国家公园以洁白、细腻、粉末状的沙滩而闻名，白色沙滩延伸向水晶般清澈的水域，鱼儿和海龟在珊瑚间游弋。特伦克湾是最受欢迎的海滩，这里有一条极富特点的水下浮潜小径。

美属萨摩亚国家公园

美属萨摩亚　1988 年建立

　　美属萨摩亚国家公园位于南太平洋，是唯一一个位于赤道以南的国家公园。国家公园分布在三个岛屿上，即塔乌岛、奥弗岛和图图伊拉岛。果蝠、珊瑚礁、热带雨林，以及3000年前的萨摩亚文明，组成了一幅引人入胜的热带画卷。

小·档案

面积：33.41平方千米

最高海拔：963米，拉塔山

每年访客数量：大约6万名

萨摩亚果蝠是美属萨摩亚的三种本土蝙蝠之一。

萨摩亚人

　　萨摩亚文化是波利尼西亚最古老的文化之一。萨摩亚人的社会是由大家庭组成的，至今依然保持着他们的传统。

珊瑚礁

　　国家公园里有250多种珊瑚，是热带鱼、鲨鱼等水生生物的理想家园。奥弗岛旁的珊瑚礁面积约1.42平方千米，透过清澈的海水，很容易看到五颜六色的珊瑚礁，是国家公园中访客最多的地方。

温泉国家公园

阿肯色州　1921年建立

　　在这个历史悠久的国家公园里，47口温泉水从地下深处流出。周围的沃希托山脉拥有总长超过32千米的小径，探险家在那里发现了美洲印第安人的手工艺品和种类丰富的野生生物。

雄性北美红雀有鲜红的羽毛。

小·档案

面积： 22.48平方千米

最高海拔： 428米，音乐山

每年访客数量： 大约150万名

著名的浴场街分布着8个历史悠久的温泉浴场。

美国SPA

　　几个世纪以来，美洲印第安原住民经常到访温泉地区，并把这里命名为"蒸汽山谷"。在19世纪，一个温泉小镇在温泉附近建立起来，迎接访客来此放松身心。

九带犰狳

　　这种全副武装的哺乳动物因为其坚硬外壳上的鳞带而得名。它们通常在夜间活动，独自生活，以昆虫为食。

圣路易斯拱门国家公园

密苏里州　2018 年建立

　　圣路易斯拱门国家公园拥有所有国家公园中最高的纪念碑，被称为"通往西方的大门"。它的建立是为了纪念托马斯·杰斐逊总统在路易斯安那州购地案之后开启的西进运动。

乘坐游船，可以欣赏到绝佳的大拱门景观。

大拱门

　　大拱门由不锈钢制成，高 192 米。1967 年对公众开放。顶部有一个观景台，人们可以乘电车到达。

直升机旅行

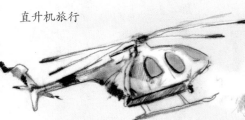

古老法院大楼

　　这座建于 19 世纪的法院曾经有 12 个审判室。现在只有两个保留了下来——其中一个陈设为 19 世纪 50 年代的样子，另一个则陈设为 19 世纪 10 年代那样。

小·档案

面积： 0.78 平方千米

最高海拔： 192 米，拱顶距离地面的高度

每年访客数量： 大约 200 万名

观察野生动物

国家公园是观赏自然环境中的野生动物的绝佳场所。成千上万种动物在国家公园里安家落户，从巨大的野牛和驼鹿，到美丽的蝴蝶和微小的甲虫。

小贴士

这里有一些提供方便的小贴士，可以帮助你在游览国家公园时易于发现动物。

询问一名公园巡护员——他/她会告诉你在国家公园里观察动物的最佳地点。

带上一副双筒望远镜（如果没有，可以租借一副），很适合观察远处的动物。

向上看——可能有鸟、蝙蝠、蝴蝶在你头顶飞过，或者有只浣熊在树上偷偷地盯着你。

如果你发觉到动静，可以停下仔细观察。你可能会辨认出一只几乎与岩石融为一体的蜥蜴，或者一只皮毛颜色近似泥土的长耳大野兔。

优红蛱蝶

不要吵闹——那样会吓跑动物。

去国家公园之前做一些调查。浏览国家公园的网站，看看哪些动物生活在那里，哪些动物（比如候鸟）可能会经过那里。

寻找颜色

有些动物（尤其是鸟类）的体色十分鲜艳，因此当它们在树上或者地面上觅食时，很容易被发现。

⚠️ 警告

不要接近、追逐或投喂野生动物。大自然是它们的家，所以请始终尊重这一点。在参观国家公园之前，一定要登录国家公园的官方网站，了解观赏野生动物的安全守则。

北美红雀

走鹃

灰熊

两个脚趾向前，
两个脚趾向后。

前爪比后爪小。

寻找动物足迹

许多动物把自己隐藏得很好。不过依然有一些标志说明它们就在附近，比如它们的足迹。如果你在潮湿的土壤、沙地或者雪地里发现了足迹，拍张照片，以备日后辨认。

分成两瓣的蹄印是心形的。

水獭

水獭的脚有五个脚趾。

骡鹿

寻找粪便

动物留下的另一种标志是它们的粪便。如果你发现了野生动物的粪便，一定不要碰它——里面可能含有病原体。你可以拍张照片，让公园巡护员帮助辨认是哪种动物留下的。

美洲狮及其粪便（左图）

术语表

高山 alpine：
高峻的山峰。

考古学家 archaeologist：
通过古人类留下的遗骸或遗迹（比如陶器、建筑和珠宝），研究人类及人类社会的专家。

恶地 badland：
多岩石地区。土壤贫瘠，植物稀少，常有不寻常的岩石结构。

保护色 camouflage：
动物体表的颜色或图案，帮助它们融入周围的环境。

树冠层 canopy：
森林中由树木的树冠构成的区域。

峡谷 canyon：
两片悬崖之间狭长而深邃的山谷，通常有河流穿过。

国会大厦 capitol：
美国国会所在地，国会议员办公的场所。

火山渣锥 cinder cone：
火山口周围的火山岩碎片形成的锥形山丘。

气候变化 climate change：
由于自然原因或人类活动，地球气候模式随着时间的推移而发生变化。

针叶树 coniferous：
树叶细长如针的树木，多为常绿树，例如各种松、柏、杉。

自然保护 conservation：
保护自然环境和野生动植物。

火山口 crater：
地面上碗形凹陷，通常由火山爆发形成。

落叶树 deciduous：
季节性落叶的树木。

立体模型 diorama：
常用于博物馆展览，通过三维仿真模型展示自然或历史景观。

休眠 dormant：
火山处于不活跃的阶段；或者动物为了能够在严酷的气候时期生存下来，处于类似睡眠的状态。

干旱 drought：
长期降雨极少，或者无降雨。

沙丘 dune：
由风堆积而成的沙质小丘或小脊。

环境 environment：
动物、植物或其他生命形式生活的地方。

河口 estuary：

河流的入海口，在这里淡水和咸水混合。

灭绝 extinction：

一个物种完全消失。

食物链 food chain：

能量从一种生物传递到另一种生物，构成了能量的流动和转换。例如：植物被草原犬鼠吃掉，而草原犬鼠又被猛禽吃掉。

地热 geothermal：

地面下自然产生的热量。

间歇泉 geyser：

向空气中间歇性喷射水和蒸汽的温泉。

冰川 glacier：

极地或者高山地区地表上多年存在并能够沿着地面缓慢运动的天然冰体，内含大块的冰块和岩石。

冰川崩解 glacier calving：

有些冰块从冰川前面的巨大冰块中碎裂并落下，变成冰山，漂向大海或湖泊。

花岗岩 granite：

质地非常坚硬、呈颗粒状的火山岩。

石膏 gypsum：

软质结晶矿物，常呈透明或白色。

栖息地 habitat：

某个物种生存的家园或环境。

硬木 hardwood：

来自非针叶树的坚硬的木材，如橡木和白蜡木。

冬眠 hibernation：

为了应对严酷的气候和食物短缺，有些动物在深度睡眠状态下度过冬天。

温泉 hot spring：

从地下自然涌出的，水温显著高于当地年平均气温的地下天然泉水。

冰期 ice age：

气候非常寒冷的地质时期。

冰原 icefield：

大面积的厚冰，通常位于极地地区。

生物入侵 invasive：

动植物在特定地区数量迅速增加，通常造成负面影响。

熔岩管 lava tube：

穿过火山岩的通道，是由流动的熔岩形成的。

光污染 light pollution：

人造光源对环境产生的污染。比如城市中的街灯。

路易斯安那购地案
Louisiana Purchase：

1803年，美国总统托马斯·杰斐逊从法国购买土地，使美国的面积翻了一番。

美国本土48个州
Lower 48 states：

除了阿拉斯加州和夏威夷州，美国的其他48个州。

红树林 mangrove：

长在海岸或河岸边，由乔木或灌木组成的生物群落。其部分根部位于地面以上，能够适应缺氧的咸水环境。

微生物 microbe：

一类微小的生物，如细菌、原生动物。

迁徙 migration：

为了繁殖后代、寻找食物或逃避恶劣的天气，动物季节性地从一个地方迁移到另一个地方。

沸泥塘 mud pot：

在高温地区比如火山附近，充满滚烫、冒泡的稀泥浆的池塘。

岩画 mural：

墙壁上的绘画或雕刻。

当地物种 native：

原产于或天然存在于一个地区的物种。

博物学家 naturalist：

研究动物、植物和其他生物的科学家。

北极光 Northern Lights：

北极地区天空中五彩缤纷的光。

石化 petrified：

变成石头。

颜料 pigment：

赋予动植物颜色的天然物质。

种植园 plantation：

种植糖料、咖啡或橡胶树等农作物的大型庄园。

高原 plateau：

地势较高的广阔地区。

授粉 pollinate：

传粉者将微小的花粉颗粒传播到其他花朵上，这样才能结出种子。

波利尼西亚 Polynesia：

太平洋的岛群，包括夏威夷群岛、美属萨摩亚群岛和新西兰。

泡芙 popover：

用稀面糊做成的空心甜点。

壶穴 pothole：

地面上的坑洞，通常充满水。

保护区 preserve：
予以特殊保护和管理的区域，常允许有限的捕猎和资源开发。

深谷 ravine：
狭窄的山谷，边缘陡峭，通常比峡谷小。

暗礁 reef：
位于水面之下的长条状岩石、沙层或珊瑚。

盐滩 salt flat：
水面干涸后留下的覆盖着盐层的平坦地区。

雪鞋 snowshoe：
大而平的鞋底附着物，可以防止穿着者陷入雪中。

产卵 spawning：
某些动物繁殖后代的方式，比如鱼类或蛙类。

物种 species：
相似的动物、植物或其他生命形式的群体，彼此可以交配并繁衍后代。

钟乳石 stalactite：
从岩洞顶垂下来的岩石，看起来像冰柱。

石笋 stalagmite：
从洞穴地面上堆积而成的尖尖的岩石，形状如同竹笋。

蒸汽喷口 steam vent：
地面上的蒸汽出口，火山释放的蒸汽和其他气体通过这个出口释放出来。

板块 tectonic plate：
缓慢移动的地质板块，由地壳和上地幔构成。

温带 temperate：
具有温和的气候和分明的季节的区域。

圆锥形帐篷 tepee：
美洲印第安原住民传统使用的帐篷，呈圆锥形，由动物皮或帆布围绕着柱子组成的框架搭建而成，柱子可以迅速支起和拆除。

嗜热微生物 thermophile：
适应在极热条件下生存的细菌或其他微生物。

冻原 tundra：
一年中大部分时间都处于冰冻状态。被低矮的植物覆盖、没有树木的地区。

毒液 venomous：
某些动物分泌的一种有毒物质。

易危 vulnerable：
一个物种或种群面临较高的灭绝风险，必须要进行保护。

湿地 wetland：
积水、泥泞的土地，例如沼泽、泥塘，通常覆盖着野生植被。

荒野 wilderness：
不受人类活动干扰的原始区域。

致谢

The publisher would like to thank the following people for their assistance in the preparation of this book: Seeta Parmar and Graeme Williams for editorial assistance; Megan Douglass and Caroline Stamps for proofreading; and Helen Peters for compiling the index.

The publisher would like to thank the following for their kind permission to reproduce their photographs:

(Key: a-above; b-below/bottom; c-center; f-far; l-left; r-right; t-top)

2 Dreamstime.com: Dana Kenneth Johnson (bl). 2–3 Dreamstime.com: Chaoss (Background). 4 Alamy Stock Photo: Johner Images (c). Dreamstime.com: Galyna Andrushko (cra). 5 123RF.com: picsfive (cl). Alamy Stock Photo: Norma Jean Gargasz (tr). Dreamstime.com: Robert Philip (bl). 8 123RF.com: stillfx (br). 8–9 Alamy Stock Photo: UDAZKENA (c). Dreamstime.com: Daboost (Notebook); Emir Hodzic. 9 123RF.com: picsfive (bl). Dreamstime.com: Davidhoffmannphotography (tl); Jaanall (cr). Getty Images: TCYuen (tr). 10–11 Dreamstime.com: Joe Sohm. 10 Dreamstime.com: Yellowdesignstudio (clb). 12 123RF.com: picsfive (tr). Alamy Stock Photo: Design Pics Inc / Alaska Stock / Patrick Endres (clb). Dreamstime.com: Daboost (Notebook). 13 123RF.com: picsfive (bl). Alamy Stock Photo: LOETSCHER CHLAUS (tl). Dreamstime.com: Sergei Kozminov (ca, br). 14 123RF.com: stillfx (bl). Dreamstime.com: Jonathan Mauer (tr). 14–15 Alamy Stock Photo: NPS Photo (cb). Dreamstime.com: Daboost (Notebook); Viacheslav Voloshyn. 15 Alamy Stock Photo: Accent Alaska.com (cr); Skip Moody / Dembinsky Photo Associates (cl). 16–17 Dreamstime.com: Daboost (Notebook); Christian De Grandmaison. 16 123RF.com: stillfx (cr). Getty Images: Gallo Images / Danita Delimont (cb). 17 123RF.com: picsfive (cr). Alamy Stock Photo: All Canada Photos / Roberta Olenick (cl); National Geographic Image Collection / Ralph Lee Hopkins (tr). Dreamstime.com: Tony Campbell (br). iStockphoto.com: JHVEPhoto (tr). 18 123RF.com: stillfx (bl). Dreamstime.com: Moose Henderson (tr). 18–19 Alamy Stock Photo: Design Pics Inc / Mike Criss (cb). Dreamstime.com: Daboost (Notebook); Beatriz Navarro. 19 123RF.com: picsfive (tl). Alamy Stock Photo: Natural History Library (tr); Natural History Library (ca). Dreamstime.com: Steven Prorak (br). 20 123RF.com: stillfx (br). Alamy Stock Photo: Doug Horrigan (tr). Dreamstime.com: Biolifepics (cb, bc). 20–21 Dreamstime.com: Daboost (Notebook); Emir Hodzic (Background). 21 123RF.com: picsfive (tr). Dreamstime.com: Biolifepics (cb). Getty Images: Carol Polich Photo Workshops (cla). Unsplash: Tanya Nevidoma (br). 22 iStockphoto.com: sorincolac (b). 22–23 Dreamstime.com: Daboost (Notebook); Liliya Kandrashevich. 23 123RF.com: picsfive (br). Alamy Stock Photo: Agefotostock / Pixtal (cla); National Geographic Image Collection / JONATHAN IRISH (tr); Scenics & Science (cb). Dreamstime.com: Jnjhuz (crb). 24–25 Dreamstime.com: Bennymarty. 24 123RF.com: picsfive (bl). 26 123RF.com: MJ - tim Fotografie (ca); picsfive (bl). Alamy Stock Photo: Spring Images (tr). 26–27 Dreamstime.com: Daboost (Notebook); Luckyphotographer (c); Viacheslav Voloshyn. 27 123RF.com: stillfx (br). Alamy Stock Photo: imageBROKER / Horst Mahr (tr). Dreamstime.com: Birdiegal717 (c). 28 123RF.com: picsfive (br). Courtesy of National Park Service, Lewis and Clark National Historic Trail: NPS Photo / Emily Mesner (clb). 28–29 Alamy Stock Photo: SuperStock / RGB Ventures / Fred & Randi Hirschmann (c). Dreamstime.com: Daboost (Notebook). 29 123RF.com: picsfive (cr). Alamy Stock Photo: Design Pics Inc / Nick Jans (b). Dreamstime.com: Robynmac / Robyn Mackenzie (br). Courtesy of National Park Service, Lewis and Clark National Historic Trail: NPS Photo (tr). 30–31 Dreamstime.com: Daboost (Notebook); Radekgibran. 30 123RF.com: picsfive (cra). Dreamstime.com: Bonnie Fink (c). Getty Images: Tetra Images (cb). 31 123RF.com: picsfive (cl). Alamy Stock Photo: Rick & Nora Bowers (cr). Dreamstime.com: Sandi Cullifer (bc); Dpselvaggi (bl). 32 123RF.com: picsfive (br). Alamy Stock Photo: Nature Picture Library / naturepl.com / Claudio Contreras Koob (cb). Dreamstime.com: Kojihirano (tl). 32–33 Alamy Stock Photo: Radek Hofman (c). Dreamstime.com: Daboost. 33 123RF.com: picsfive (cra). Dreamstime.com: Florence Mcginn (br). 34 123RF.com: picsfive (tl). 34–35 Dreamstime.com: Oksanaphoto. 36 123RF.com: picsfive (cr). Dreamstime.com: Maksershov (c); Paulstansbury73 (tc). 36–37 Dreamstime.com: Daboost (Notebook). 37 123RF.com: picsfive (tr). Dreamstime.com: Jenifoto406 (cr); William Perry (clb); Yellowdesignstudio (ca). 38–39 Dreamstime.com: Daboost (Notebook). iStockphoto.com: Pgiam. 38 123RF.com: Pancaketom / Tom Grundy (bc). Dreamstime.com: Bolotov (br); Larry Gevert (cr). Getty Images: Moment / J. LINDHARDT Photography (tr). 39 123RF.com: picsfive (tr). Dreamstime.com: Byelikova (b). 40 123RF.com: picsfive (tr). Alamy Stock Photo: Inge Johnsson (tr). Dreamstime.com: Hakoar (b). 40–41 Dreamstime.com: Daboost (Notebook); Beatriz Navarro. 41 123RF.com: picsfive (bl). Alamy Stock Photo: Janice and Nolan Braud (cr). Dreamstime.com: Ztiger (tl). iStockphoto.com: E+ / lucentius (tr). 42 123RF.com: Natalie Ruffing (b). Dreamstime.com: Bolotov (ca). 42–43 123RF.com: Aleksandr Frolov (background). Dreamstime.com: Daboost. 43 123RF.com: picsfive (crb). Dreamstime.com: Maria Luisa Lopez Estivill (tr); Brian Lasenby (clb). Getty Images: Photodisc / R. Andrew Odum (cla). 44 Alamy Stock Photo: Grantmulli / Stockimo (c). Dreamstime.com: Robynmac / Robyn Mackenzie (br). 44–45 Alamy Stock Photo: Stefano Politi Markovina (c). Dreamstime.com: Daboost (Noteboo); Natalia Shabasheva. 45 123RF.com: picsfive (tr). Dreamstime.com: Jeffrey Banke (cra); Sorin Colac (br). 46 123RF.com: stillfx (br). Alamy Stock Photo: Michelle Holihan (cr); Michelle Holihan (bl). 46–47 Dreamstime.com: Daboost (notebook); Liliya Kandrashevich. 47 123RF.com: picsfive (br). Alamy Stock Photo: M. Timothy O'Keefe (cra). 48 Alamy Stock Photo: Nature Picture Library / Floris van Breugel (tr). Dreamstime.com: Sean Pavone (clb); Sean Pavone (b). 48–49 Dreamstime.com: Daboost (Notebook); Christian De Grandmaison. 49 123RF.com: picsfive (cra). Dreamstime.com: Sgoodwin4813 (bc); Starryvoyage (clb). 50–51 Dreamstime.com: Daveallenphoto. 51 123RF.com: picsfive (br). 52 123RF.com: stillfx (br). Dreamstime.com: Gatito33 (cra); Lore Patterson (c). 52–53 123RF.com: Marina Scurupii. Dreamstime.com: Cheriecokeley (b); Daboost (Notebook). 53 Dreamstime.com: Robynmac / Robyn Mackenzie (tr). Getty Images: Tacoma News Tribune / Drew Perine (cla). 54 Alamy Stock Photo: Russ Bishop (cl); Leon Werdinger (bl). 54–55 Dreamstime.com: Daboost (Notebook); Colin Young (tc); Ross Henry. 55 123RF.com: picsfive (bl); stillfx (br). Alamy Stock Photo: Brian Jannsen (cra). Dreamstime.com: Colin Young (cr); Yellowdesignstudio (br). 56 123RF.com: picsfive (br). Alamy Stock Photo: Jim West (cl). Dreamstime.com: Will Reece (bc). 56–57 Dreamstime.com: Daboost. Getty Images: Perspectives / Joe Carini (c). 57 123RF.com: picsfive (tc). Dreamstime.com: Annegordon (fcr); Bolotov (cr). Getty Images: U.S. Geological Survey (tr). iStockphoto.com: Westend61 (bl). 58–59 Dreamstime.com: Shane Myers. 58 123RF.com: picsfive (tr). Dreamstime.com: Chih-cheng Chang (cla). 60–61 Dreamstime.com: Daboost. Getty Images: The Image Bank Unreleased / Galen Rowell (tc). 60 123RF.com: stillfx (br). iStockphoto.com: E+ / Bobbushphoto (cr). 61 123RF.com: picsfive (clb). 62 123RF.com: stillfx (br). Alamy Stock Photo: Sean Xu (bl). Dorling Kindersley: (cra). Dreamstime.com: Tupungato (clb). 62–63 Dreamstime.com: Daboost (Notebook); Pimonpim Tangosol. 63 123RF.com: picsfive (cr). Alamy Stock Photo: Toroverde (tl). 64–65 Dreamstime.com: Brenda Denmark. 64 123RF.com: picsfive (cl). 66–67 Dreamstime.com: Daboost (Notebook); Pimonpim Tangosol. 66 123RF.com: George H.H. Huey (br). 67 123RF.com: picsfive (cr). Alamy Stock Photo: Blue Planet Archive DFL (cla); WaterFrame_jdo (tc). 68–69 Dreamstime.com: Daboost (Notebook); Tirachard Kumtanom. 68 Dreamstime.com: Gary Gray (bl); Phillip Lowe (cra); Kerry Hargrove (c). 69 123RF.com: picsfive (cl). Alamy Stock Photo: Niebrugge Images (bc). Dreamstime.com: Edmund Lowe (cra). iStockphoto.com: Natalie Ruffing (crb). 70 Dreamstime.com: Mirror Images (tr). iStockphoto.com: Creative Edge (tl). 70–71 Dreamstime.com: Daboost (Notebook). 71 123RF.com: picsfive (tr);

stillfx (bl). Dreamstime.com: F11photo (br); Brian Kushner (tl). 72 123RF.com: picsfive (cra). Alamy Stock Photo: Norman Wharton (b). 72–73 Dreamstime.com: Daboost (Notebook); Christian De Grandmaison. 73 123RF.com: stillfx (tr). Dreamstime.com: Rinus Baak (bl, br); Photowitch (crb); David Hayes (tl). 74 123RF.com: picsfive (tr). Alamy Stock Photo: Don Breneman (br). iStockphoto.com: rpbirdman (bl). 74–75 Dreamstime.com: Daboost (Notebook); Viacheslav Voloshyn. 75 123RF.com: picsfive (cl). Alamy Stock Photo: Rebecca Brown (bl). Dreamstime.com: Jon Bilous (tr); Psnaturephotography (cb). 76–77 Dreamstime.com: Daboost (Notebook); Vinesh Kumar. 76 123RF.com: stillfx (bl). Alamy Stock Photo: Curved Light USA (tr). Dreamstime.com: Aiisha (crb). 77 123RF.com: picsfive (cr). Dreamstime.com: Kwiktor (tr). National Park Service: (br). 78–79 Dreamstime.com: Hotshotsworldwide. 78 123RF.com: picsfive (cr). Dreamstime.com: Chernetskaya; Daboost (Notebook). 80 123RF.com: picsfive (bl). 80–81 Dreamstime.com: Chernetskaya; Daboost (Notebook). 80 123RF.com: picsfive (bl). Alamy Stock Photo: Stephen Frink Collection / Stephen Frink (c). 81 123RF.com: picsfive (bl). Alamy Stock Photo: Bob Gibbons (tr). Dreamstime.com: Francisco Blanco (cra). iStockphoto.com: ArendTrent (br). 82–83 Dreamstime.com: Daboost (Notebook). Getty Images: 500px Prime / Mila Hofman (bc). 82 Dreamstime.com: Robynmac / Robyn Mackenzie (tr); Twildlife (br). 83 123RF.com: picsfive (cb). Alamy Stock Photo: Natural History Archive (tr). Dreamstime.com: Pancaketom (br). iStockphoto.com: milehightraveler (cla). 84 123RF.com: picsfive (tr). Alamy Stock Photo: Don Breneman (br). 84–85 Getty Images: EyeEm / Michael Scace. 86 123RF.com: picsfive (cra). Alamy Stock Photo: Michele Falzone (c). 86–87 Dreamstime.com: Daboost (Notebook); Heathergreen. 87 123RF.com: picsfive (cr). Alamy Stock Photo: David Cobb (cra). Dreamstime.com: Nomadsoul1 (bc). Courtesy of National Park Service, Lewis and Clark National Historic Trail: NPS Photo (tr). 88–89 Dreamstime.com: Daboost (Notebook); Dmytro Synelnychenko. 88 123RF.com: baiterekmedia (cra). Dreamstime.com: Robynmac / Robyn Mackenzie (cl). Getty Images: Moment Open / Laura Olivas (b). 89 123RF.com: picsfive (br). Alamy Stock Photo: Steve Shuey (tl). Dorling Kindersley: Tom Grey (cla). Dreamstime.com: Kellie Eldridge (crb); Nicholas Motto (fcrb). 90 Dreamstime.com: Michael Rubin (tl). Shutterstock.com: Worldswildlifewonders (bl). 90–91 Dreamstime.com: Chernetskaya (Background); Daboost (Notebook). 91 123RF.com: picsfive (clb); stillfx (tr). Alamy Stock Photo: Kevin Ebi (cb); Mark Miller Photos (r). Dreamstime.com: S Gibson (tl). 92–93 Dreamstime.com: Daboost (Notebook); Selvam Raghupathy (Background). 92 123RF.com: picsfive (cb). Dreamstime.com: Antonel (l); Irina Kozhemyakina (cra). 93 123RF.com: sellphoto1 (cr); stillfx (crb). Alamy Stock Photo: Danita Delimont (b). Dreamstime.com: Steve Byland (clb). 94 123RF.com: stillfx (br). Alamy Stock Photo: imageBROKER (cb). Dreamstime.com: Foster Eubank (tr). 94–95 Dreamstime.com: Viacheslav Voloshyn (Background). 95 123RF.com: picsfive (tl). Alamy Stock Photo: Robert E. Barber (bc). iStockphoto.com: Elizabeth M. Ruggiero (cr). 96 Alamy Stock Photo: Agefotostock / Bret Edge (tr). Dreamstime.com: Golasza (c). 96–97 Dreamstime.com: Daboost. 97 123RF.com: picsfive (tr, crb). Dreamstime.com: Rinus Baak (bc); Melani Wright (ca). 98 123RF.com: picsfive (cb). Alamy Stock Photo: agefotostock / George Ostertag (cra); All Canada Photos / Bob Gurr (cr). 98–99 Dreamstime.com: Daboost (Notebook); Tirachard Kumtanom. 99 123RF.com: picsfive (cb). Alamy Stock Photo: Torsten Kuenzlen (bc); Stan Shillingburg (cr). iStockphoto.com: thepicthing (tr). 100 123RF.com: picsfive (cl). Dreamstime.com: Larry Metayer (c). SuperStock: Michael Durham / Minden Pictures (br). 100–101 Dreamstime.com: Daboost (Notebook); Wangkun Jia (t); Radekgibran (Background). 101 123RF.com: picsfive (cb). Getty Images: Matt Meadows (cr); Gary Berdeaux / MCT / Tribune News Service (bl). 102–103 Dreamstime.com: Daboost (Notebook). 102 Alamy Stock Photo: Steve Greenwood (c); John Elk III (br). Dreamstime.com: Robynmac / Robyn Mackenzie (cl). 103 123RF.com: picsfive (cl). Dreamstime.com: Cheri Alguire (tc); Brian Lasenby (br); Jon Bilous (cra); Mihai Andritoiu (b); Jeffrey Holcombe (ca). iStockphoto.com: JustineG (crb). 104–105 Alamy Stock Photo: Wild Places Photography / Chris Howes (cl). Dreamstime.com: Daboost (Notebook); Selvam Raghupathy. 104 123RF.com: picsfive (br). Alamy Stock Photo: Nature Picture Library / naturepl.com: Michael Durham (cl). 105 123RF.com: picsfive (crb). Alamy Stock Photo: Nature Picture Library / Paul D Stewart (tr). 106–107 Dreamstime.com: Mikelane45 (tl). Dreamstime.com: Martin Schneiter. 108 Alamy Stock Photo: Jaahnlieb (bc); Kcmatt (c). iStockphoto.com: Frank Anschuetz (cb). 108–109 Dreamstime.com: Daboost (Notebook); Ilmito. 109 123RF.com: picsfive (tl, cr). Dreamstime.com: Humorousking207 (cl). 110 123RF.com: stillfx (tl). Alamy Stock Photo: Clint Farlinger (bl). Dreamstime.com: Jason P Ross (t). 110–111 Dreamstime.com: Daboost (Notebook); Harutyun Poghosyan (Background). 111 123RF.com: stillfx (c). Alamy Stock Photo: Douglas Peebles Photography (tl); WaterFrame (bl). Dreamstime.com: The World Traveller (cr). 112–113 Alamy Stock Photo: Pat & Chuck Blackley (c). Dreamstime.com: Daboost (Notebook); Natalia Shabasheva (Background). 112 Alamy Stock Photo: Danita Delimont (bl). Dreamstime.com: Robert Roach (cra). 113 123RF.com: picsfive (tl). Alamy Stock Photo: Nature Picture Library (bl). Dreamstime.com: Kenneth Keifer (tr); Robynmac / Robyn Mackenzie (br). 114 123RF.com: stillfx (br). Alamy Stock Photo: Ken Barber (cra). Dorling Kindersley: Liberty's Owl, Raptor and Reptile Centre, Hampshire, UK. (bl). 114–115 Dreamstime.com: Daboost (Notebook). 115 123RF.com: picsfive (crb). Alamy Stock Photo: Spring Images (cra); Stockimo / dimple (tr). Dreamstime.com: Alan Dyck (bc). 116 123RF.com: picsfive (cra). Alamy Stock Photo: National Geographic Image Collection (crb). Dreamstime.com: Stepanjezek (cl). SuperStock: Brian W. Downs / Aurora RF (bl). 116–117 Dreamstime.com: Daboost (Notebook); Dmytro Synelnychenko (Background). 117 123RF.com: stillfx (cl). Alamy Stock Photo: Patrick Kennedy (cra); Jim West (ca). Library of Congress, Washington, D.C.: LC-DIG-highsm-40804 / Highsmith, Carol M., 1946 (bl). 118 123RF.com: stillfx (ca). Alamy Stock Photo: George H.H. Huey (br). Dreamstime.com: Brian Lasenby (c); Alexander Shalamov (cl). 118–119 Dreamstime.com: Daboost (Notebook). 119 123RF.com: picsfive (cl). Alamy Stock Photo: Nature Picture Library (bl); NPS Photo (cra). 120 123RF.com: picsfive (ca). Dreamstime.com: Natalia Bachkova (ca); Zrfphoto (cl); Sandra Foyt (clb/Bathhouse); William Wise (br); Yellowdesignstudio (clb). 120–121 Dreamstime.com: Daboost (Notebook); Christian De Grandmaison (Background). 121 123RF.com: stillfx (crb). Alamy Stock Photo: Ian Dagnall (cr). Dreamstime.com: F11photo (b); Joanne Stemberger (cla). 122 123RF.com: picsfive (ca, cl, cb, clb); stillfx (crb); Janek Sergejev (bc). Dreamstime.com: Natalia Bachkova (br); Bolotov (cra, cr). 123 123RF.com: picsfive (cb). Alamy Stock Photo: Shawn Boss (bc). Dreamstime.com: Brandon Alms (br)

Endpaper images: Front: 123RF.com: Marina Scurupii; Back: 123RF.com: Marina Scurupii

Cover images: Front: Dreamstime.com: Minyun Zhou / Minyun9260 cra, Stockoxinoxi t, Stockoxinoxi br; Getty Images: WIN-Initiative; Back: Alamy Stock Photo: Radek Hofman bl; iStockphoto.com: sorincolac tl

All other images © Dorling Kindersley
For further information see: www.dkimages.com